高职高专"十二五"电子信息类专业规划教材

（微电子技术专业）

集成电路设计基础

主　编　董海青
副主编　刘　冬
参　编　赵丽芳　陈　红　刘　斌
主　审　揣荣岩

机 械 工 业 出 版 社

本书从实际设计的角度出发，详细介绍了集成电路设计所必须要掌握的基本知识点，使初学者能从最开始的不了解到最后熟练掌握集成电路设计的全过程，并了解比较常用的设计工具的使用。

　　本书主要包括操作系统部分、器件与电路部分和版图部分，详细介绍了相应的知识体系结构。操作系统部分主要介绍了集成电路设计 EDA 工具所工作的平台 UNIX/Linux 系统，详细讲解了该系统的基本组成和常用命令；器件与电路部分主要介绍了集成电路中常用元器件的结构、原理和工作特性，并介绍了常用单元电路的基本设计过程和设计思想；版图部分主要介绍了版图设计的基础知识，详细介绍了两种目前比较常用的版图设计工具 L-Edit 和 Virtuoso，并给出了两种版图设计工具的版图绘制过程。

　　本书可作为高职高专院校微电子技术相关专业的教材，也可作为从事集成电路版图设计的工程人员的参考书。

　　为方便教学，本书配有免费电子课件、习题答案、模拟试卷及答案等，凡选用本书作为授课教材的学校，均可通过来电（010-88379564）或电子邮件（cmpqu@163.com）索取。有任何技术问题也可通过以上方式联系。

图书在版编目（CIP）数据

集成电路设计基础/董海青主编 . —北京：机械工业出版社，2013.9
高职高专"十二五"电子信息类专业规划教材 . 微电子技术专业
ISBN 978-7-111-42768-1

Ⅰ.①集⋯　Ⅱ.①董⋯　Ⅲ.①集成电路－电路设计－高等职业教育－教材　Ⅳ.①TN402

中国版本图书馆 CIP 数据核字（2013）第 166022 号

机械工业出版社（北京市百万庄大街22号　邮政编码100037）
策划编辑：曲世海　责任编辑：曲世海　崔利平
责任校对：张　媛　责任印制：乔　宇
北京机工印刷厂印刷（三河市南杨庄国丰装订厂装订）
2013 年 8 月第 1 版第 1 次印刷
184mm×260mm · 9.5 印张 · 231 千字
0 001—3 000 册
标准书号：ISBN 978-7-111-42768-1
定价：19.00 元

凡购本书，如有缺页、倒页、脱页，由本社发行部调换
电话服务　　　　　　　　网络服务
社 服 务 中 心：(010)88361066　教 材 网：http://www.cmpedu.com
销 售 一 部：(010)68326294　机工官网：http://www.cmpbook.com
销 售 二 部：(010)88379649　机工官博：http://weibo.com/cmp1952
读者购书热线：(010)88379203　**封面无防伪标均为盗版**

前　　言

随着集成电路的迅速发展,其规模、性能和市场都有着突飞猛进的发展,越来越多的超大规模集成电路(VLSI)被应用到计算机、通信和各种电子领域,同时集成电路的设计和制造越来越复杂。集成度的日益提高、工艺特征尺寸的不断缩小、性能与功耗的同步增长,给人们进行 VLSI 设计提出了越来越大的挑战。

基于目前集成电路发展的需求,本书将着重介绍集成电路设计所必须要掌握的基础知识,使读者可以详细全面地了解集成电路设计的过程和方法等。本书是面向高职高专院校微电子技术专业的学生编写的,共分五部分,第一部分主要讲述了集成电路设计基础概述,包括第 1 章;第二部分主要讲述了集成电路开发工具所需要的系统环境 UNIX/Linux系统,包括第 2 章;第三部分主要讲述了集成电路制造工艺和常用元器件的基本工作原理,包括第 3 章;第四部分主要讲述了集成电路中电路、基本单元和逻辑系统的内容,包括第 4 章;第五部分主要讲述了版图设计的基本概念、规则以及版图编辑器,包括第 5、6 章。

本书主要由董海青老师负责编写,编写过程中得到中国电子科技集团第 47 研究所蔡震工程师的大力支持。第 1 章由刘冬编写,第 2 章由董海青和陈红编写,第 3 章由董海青编写,第 4 章由董海青和赵丽芳编写,第 5 章由董海青编写,第 6 章由董海青和刘斌编写。全书由揣荣岩教授主审,校对工作由刘冬负责。

为了便于读者学习和对照,本书电路图中采用的符号部分与作图软件中的符号一致,未按国家标准予以修改。

由于集成电路的发展非常迅速,加上作者的水平有限,本书在编写的过程难免存在一些错误和不妥之处,恳请广大读者批评指正。

编　　者

目　　录

目 录

第1章 概 论

教学目标

- 了解集成电路的发展过程。
- 掌握集成电路的各个发展阶段。
- 了解 EDA 工具的发展。
- 掌握集成电路设计的基本要求。
- 了解集成电路的常用设计方法和深亚微米设计面对的挑战。

随着信息技术的迅速发展，集成电路在现代社会中的作用越来越重要。同时随着集成电路的迅速发展，其功能越来越复杂，集成度越来越大，工艺特征尺寸越来越小，这就给集成电路的设计带来了困难。

1.1 集成电路的发展

1947 年，贝尔实验室的 John Bardeen 和 Walter Brattain 设计出第一个能够工作的点接触晶体管。1958 年，美国德州仪器公司的 Jack Kilby（杰克·基尔比）研制出由两个晶体管组成的第一个集成电路。1959 年，美国仙童公司的罗伯特·诺伊斯用平面工艺制成了半导体集成电路。1962 年，得克萨斯仪器公司首先建成世界上第一条集成电路生产线，并生产出第一块集成电路正式商品。1971 年 11 月，英特尔公司的特德·霍夫等人制成了世界上第一个微处理器 Intel 4004，并被用于日本 Busicom 公司开发的计算器产品中。2006 年的双核处理器包含 2.91 亿个晶体管。2010 年的酷睿双核处理器包含 10 亿个晶体管。现在集成电路的集成度基本是按照摩尔定律发展的，摩尔定律就是每隔 18 个月单片芯片上的晶体管数量就会翻一番。图 1-1 所示为 Intel 公司微处理器（CPU）的集成度发展示意图。

集成电路芯片的集成水平发展过程可以分为小规模集成电路（Small-Scale Integration，SSI）、中规模集成电路（Medium-Scale Integration，MSI）、大规模集成电路（Large-Scale Integration，LSI）、超大规模集成电路（Very Large-Scale Integration，VLSI）和巨大规模集成电路（Ultra Large-Scale Integration，ULSI）等。

集成电路芯片的制造工艺发展也很快。1971 年，4004 中晶体管的最小尺寸是 $10\mu m$。2003 年，微处理器奔腾 4 的晶体管的最小尺寸是 $0.13\mu m$。2006 年，Intel 双核 CPU 的晶体管的最小尺寸是 $0.065\mu m$。2010 年，Intel 双核酷睿 CPU 的工艺尺寸为 45nm。

1.2 EDA 工具

随着大规模集成电路集成度的不断提高，电路复杂度的不断增加，单纯靠人工办法设计和制造 LSI 和 VLSI 电路几乎不可能，这时必须采用计算机辅助设计（Computer-Aided Design，CAD），而目前电子行业的计算机辅助设计又称为电子设计自动化（Electronic Design

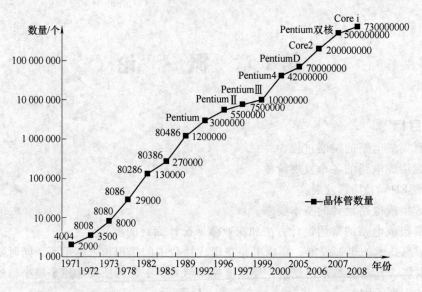

图 1-1　Intel 公司微处理器（CPU）的集成度发展示意图

Automation，EDA）。用计算机帮助人们进行大规模集成电路的设计（包括电路设计、版图设计等）、检查和制造，不但能大大减少人工劳动、提高效率和缩短制造周期，更重要的是它能保证设计制造的正确性。

1. EDA 工具的发展简介

随着集成电路（Integrated Circuit，IC）的发展，微电子技术也离不开电子设计自动化（Electronic Design Automation，EDA）技术的进步。

第一代 EDA 工具是主要用于集成电路版图设计的辅助软件，软件具有人机交互式的二维平面图形设计、图形编辑及设计规则检查（Design Rule Check，DRC）。

第二代 EDA 工具软件可以从电路原理图输入开始，调用标准单元逻辑电路图库生成电路图，并具有逻辑综合和模拟、验证功能以及自动布局布线功能。

第三代 EDA 工具可以实现高级语言描述的系统级仿真、综合及高度的自动化技术。

2. 常用 EDA 工具的简介

目前常用的 EDA 工具主要有以下几个：

（1）Cadence　美国 Cadence 公司开发的集成电路设计工具，主要包括逻辑设计与验证工具（NC-Verilog、Verilog-XL 等）、自动布局布线工具（SOC Encounter 等）、全定制集成电路布局设计工具（CIC、Layout 和 Custom Layout，主要是 Virtuoso 套件）。目前国内比较常用的主要是电路设计工具 Composer、电路模拟工具 Analog Artist、版图设计工具 Virtuoso Layout Editor、版图验证工具 Dracula 和 Diva 以及自动布局布线工具 Preview 等。该软件包目前主要应用在工作站 UNIX/Linux 系统下，售价比较贵。

（2）Synopsys　美国 Synopsys 公司开发的集成电路设计工具，该软件套件可以应用在 UNIX/Linux 系统和 Windows 系统下，但 Windows 环境下的工具在性能和功能上要比 UNIX/Linux 系统下的差一些。该工具套件包括全部集成电路从前端到后端的所有模块，即 Design Compiler（综合工具）、Astro（为超深亚微米集成电路设计进行布局、布线的设计工具）、DFT Compiler（提供"一遍测试综合"的技术方案）、TetraMAX（自动测试向量生成工具）、

Vera（验证系统）、VCS（编译型 Verilog 模拟器）和 Power Compiler（功耗优化）。

（3）Silvaco　Silvaco 公司创建于 1984 年，开发的集成电路设计 CAD 软件可以运行在 UNIX/Linux 系统和 Windows 系统下。其 EDA 工具主要用于 TCAD 工艺器件仿真、Spice 参数提取、电路仿真和全定制 IC 设计验证。该工具套件主要包括 Athena（工艺模拟器）、Atlas（器件模拟器）、Gateway（电路图编辑器）、SmartSpice（电路仿真器）、Expert（版图编辑器）、Guardian DRC/LVS/LPE（版图验证）和 CLEVER（基于物理的寄生参数提取器）。

（4）Tanner　美国 Tanner 公司开发的集成电路设计工具，该软件包目前可以应用在工作站 UNIX 系统和普通计算机 Windows 系统下，价格比较适中。在 PC 上应用广泛，具有强大的集成电路设计、模拟验证、版图设计编辑和自动布局布线功能。功能模块主要包括 SEdit（电路编辑器）、TSpice（电路仿真）、LEdit（版图编辑）和 LVS（电路图版图一致性检查器）等。

另外还有几家比较出名的设计公司，像 Mentor Graphics 公司、SpringSoft 公司、Altera 公司、Xilinx 公司和 Agilent 公司等，每个公司都针对集成电路设计的不同阶段提供自己的设计开发工具。

3. 常用 EDA 工具的运行环境

目前比较常用的系统环境主要有 Windows 系统、UNIX 系统、Linux 系统和 MacOS 系统。各大公司的集成电路设计 EDA 工具都能运行在 UNIX 系统下，因此也基本都能运行在 Linux 系统或 MacOS 系统下。只有一部分公司为了扩大顾客群开发了运行在 Windows 系统下的设计工具，但在性能和功能上都有一些差距。

1.3　集成电路设计的要求

集成电路设计的要求主要体现在以下几个方面：

1）设计时间。

2）设计的正确性。

3）设计成本为

$$C_{\mathrm{T}} = \frac{C_{\mathrm{D}}}{V} + \frac{C_{\mathrm{P}}}{YN}$$

式中，C_{T} 为每个芯片的成本；C_{D} 为开发费用；C_{P} 为每个硅片的工艺成本；V 为芯片的生产数量；Y 为平均成品率；N 为每个硅片上的芯片数目。

4）产品性能高、布局紧凑和尽量减短互连线。

5）设计的可测试性。

1.4　集成电路的设计方法

集成电路的发展正朝着速度快、性能高、容量大、体积小和功耗小的方向发展，发展趋势将导致集成电路的设计规模日益增大，复杂程度日益增高。从具体的逻辑功能特点上，VLSI 可以分为通用集成电路和专用集成电路（Application Specific Integrated Circuit，ASIC）两类。

按照设计风格（实现方式）分类，IC 设计方法可以分为全定制设计方法（Full-Custom

Design Approach)、半定制设计方法（Semi-Custom Design Approach）和可编程逻辑器件设计方法（Programmable Logic Device Design Approach）等。

　　全定制设计方法的特点是针对每个元器件进行电路参数和版图参数的优化，采用自由格式的版图设计规则进行设计，并由设计者不断完善，这样可以得到最佳的性能及最小的芯片尺寸，有利于提高集成度和降低生产成本。但要求设计者有相当深入的微电子技术、生产工艺方面的专业知识和一定的设计经验。

　　半定制设计方法适用于 ASIC，包括标准单元设计法和门阵列设计法。

　　可编程逻辑器件设计方法适用于设计 ASIC，目前比较常用的有 CPLD 和 FPGA。

1.5　深亚微米对设计的挑战

　　随着集成电路制造工艺的发展，生产工艺从开始的 $2\mu m$ 发展到 $0.25\mu m$ 再到现在的 $0.045\mu m$，即从微米到亚微米再到深亚微米和超深亚微米，这一变化对集成电路设计提出了新的挑战：缩小尺寸、增加集成度、提高系统性能和降低功耗。

　　首先要解决的是建立起精确的深亚微米器件模型、时序模型和互连模型。到了深亚微米，互连线的延迟将超过逻辑门本身的延迟，而且由于集成电路工作频率的提高，允许的时序容差变小，传输延迟的影响将加大。另外，随着尺寸的变小，开关速度加快，器件的节点电容下降，互连线的电容和电阻不断在增加，原有的模型将不能很好地描述相应的影响。

　　到了深亚微米后，要对原有的设计流程（逻辑设计加版图设计）进行修改，主要是如何在逻辑设计的过程中引入物理设计阶段的数据，如何把布局布线工具、寄生参数提取工具和时序分析统计工具集成到逻辑综合中去。

　　在深亚微米阶段，还会遇到功耗的问题。随着集成度的不断提高，芯片面积的不断减小，功耗将会成为影响芯片性能的主要因素。

小　　结

　　本章主要讲述了集成电路的发展，各个时间所对应的基本工艺水平的发展，简述了集成电路在设计过程中所用 EDA 工具的发展过程，并简要介绍了目前常用的 EDA 工具；然后进一步介绍了集成电路设计过程中的设计要求，并针对不同的集成电路提出了不同的设计方法；最后简要介绍了深亚微米设计中面对的很多挑战。

习　　题

1.1　简述集成电路设计发展的过程。

1.2　简述集成电路设计的要求。

1.3　简述深亚微米设计面对的挑战。

第 2 章 UNIX/Linux 系统基础

教学目标

- 了解 UNIX/Linux 系统的发展过程和分支。
- 了解 UNIX/Linux 系统的基本安装和启动过程。
- 掌握用户的分类及 UID。
- 掌握各种命令的基本使用操作。
- 掌握文本编辑器 vi 的使用。
- 了解系统设置的基本操作。
- 掌握系统的安全原则和系统保护。

任何一种 EDA 工具都要运行在对应的操作系统中，目前常用的操作系统主要分为两大阵营：Windows 系统和 UNIX/Linux 系统。大家在日常生活中常用的是 Windows 系统，由于其简单易用的特性得到很大的发展，而 UNIX/Linux 系统由于其界面不友好、使用困难等一系列原因没有得到大范围的使用，但在某些方面 UNIX/Linux 系统有着不可替代的作用。

由于集成电路 EDA 在最开始的发展过程中主要针对服务器或工作站等平台，因此绝大部分都是运行在 UNIX 系统下，随着计算机的迅速发展，普通个人计算机的性能越来越完善，一些 EDA 公司也开始开发针对 Windows 系统的 EDA 工具，但就目前的情况来看，在 UNIX/Linux 系统平台下运行的集成电路 EDA 工具依然占据大多数，即使有一些公司也同步开发用于 Windows 下的对应版本，但运行于 Windows 下的这些 EDA 工具在功能和性能上依然比运行于 UNIX/Linux 系统下的 EDA 工具差一些，因此我们有必要学习 UNIX/Linux 系统。

2.1 UNIX/Linux 系统概述

2.1.1 UNIX 系统的发展及其分支

1. UNIX 系统的发展

1969 年，贝尔实验室的开发人员开发了单操作和计算系统（UniPlexed Operating and Computing System，UNICS），这是 UNIX 系统的最初版本，经过长期的演变成为今天的 UNIX 系统。

由于 UNIX 系统是一种开放源代码的操作系统，即开放软件系统，各个用户团体都可以免费得到并进行完善开发，因此 UNIX 系统得到很快的发展，但是由于它比较难学，使很多人望而却步，同时由于 Microsoft 的 Windows 系统迅速普及，更加阻碍了 UNIX 系统的普及。现在 UNIX 系统仍然是一小部分人在使用，但情况已经开始有所好转。

UNIX1~6 版本是由贝尔实验室负责开发的，主要是用于学术界研究工作的系列版本，有三个主要特点：①UNIX 系统是用 C 语言开发的。②以 C 语言源代码的形式发布，任何人都可以进行完善。③允许用户并发运行多个程序。

2. UNIX 系统的分支

由于 UNIX 系统源代码免费公开，任何人都可以进行完善开发，因此发展到后来演变成多种版本。

1) 贝尔实验室和 AT&T 在 1983 年发布了 UNIX 系统的新版本 System Ⅲ，后来演变成 System Ⅴ，在 20 世纪 90 年代后期 System Ⅴ 的第四个版本从中分离出来发展成 SCO UNIX。

2) 在 20 世纪 80 年代和 90 年代，加州大学伯克利分校负责开发 UNIX 系统的第二个分支，主要是 BSD（Berkley Software Distribution，BSD）UNIX，向各个大学免费提供，现在常用的两个版本主要是 FreeBSD 和 NetBSD。两者的主要区别是可用的应用程序和文件结构不同，其内核是一样的。

3) 其他绝大多数的 UNIX 系统都是以 System Ⅴ 和 BSD 中的一个为基础。由于 UNIX 系统版本众多，用户可以从其中任选一个来使用，这样可能会引起一些兼容性问题，特别是一些命令和程序无法相互兼容。于是有人将 UNIX 系统进行标准化管理，采用 IEEE 的可移植的操作系统接口，这个软件标准不仅制定了规范，还详细地规定了软件操作和用户接口，该标准已经注册为 ISO/IEC9945-1。

2.1.2　Linux 系统

1. Linux 系统的发展

1984 年，工程师 Richard Stallman 开始着手 GNU 计划，主要是创建一个类似 UNIX 系统的、任何人都可以免费发布和使用的操作系统。

1990 年在赫尔辛基大学上学的 Linus Torvalds 学习 UNIX 系统，在学习的过程中为了完成一些实际的工作，开发了几个用于完成对应工作的程序，这几个程序合在一起就是 Linux 系统的最初模型，随后 Linus Torvalds 着手开发 Linux 系统。在 1991 年 8 月，Linus Torvalds 在赫尔辛基大学的一台 FTP 服务器上发布了 Linux 系统的第一个版本 Linux 0.01，但是并没有公开发布。在 1991 年 10 月，Linus Torvalds 发布了 Linux 系统的第二个版本 Linux 0.02。随即 Linux 系统引起黑客（Hacker）的注意，并通过计算机网络加入了 Linux 系统的内核开发，随着黑客们的加入，Linux 系统得到迅猛发展，在 1994 年 3 月 14 日，Linux 系统发布了它的第一个正式版本 Linux 1.0 版。

现在 Linux 系统已经比较成熟。Linux 系统实际上也是一个单纯的内核，其他的工具、shell 和文件系统都是由其他人创建的（主要是 GNV 组织）。现在很多公司和个人都开发以 Linux 系统为内核的操作系统，其中比较著名的有红帽 Red Hat Linux（更名为 Fedora）、红旗 Red Flag Linux 和 Ubuntu 等。

2. Linux 系统的特点

Linux 系统继承了 UNIX 系统的大部分优点，同时也有自身的一些特点。

支持多种硬件平台，虽然主要运行在 X86 平台上，但目前已经被移植到 DEC Alpha、Sun Sparc、680x0、PowerPC 及 MIPS 等平台上。

支持数学协处理器（FPU）387 的软件模拟。

支持多种键盘，支持多国语言键盘布局，包括微软键盘。

支持多种文件系统，其中包括 Minix、ext、ext2、xiafs、HPFS、NTFS、FAT32 和 iso9660 等，Linux 系统可以直接将这些文件系统装载为其系统的一个目录并进行访问。

支持伪终端设备，允许有很多用户从网络登录到系统上，每个登录进程使用一个伪终端设备。

使用分页技术的虚拟内存，使用动态链接共享库，具有强大的网络功能，软件的移植性好，免费提供全部的源代码。

考虑到 UNIX 系统和 Linux 系统在很多方面具有共性，而且很多命令在两个系统下是通用的，因此本书主要以适用于 EDA 工具的 Linux 系统为主，对应的版本为行业工具常用的 Red Hat Enterprise Linux 3。

2.1.3　系统组成

操作系统是用户与硬件的接口，是人机对话的平台。计算机可以接受使用者的输入命令，返回给使用者所需的信息。最开始是文本交互即命令行界面，现在用户可以选择使用一些图形界面，例如 Mac OS X Aqua、Linux 系统的 KDE（K Desktop Enviroment）和 GNOME（GNU NetWork Object Model Enviroment）。不管界面如何，其基本组成是一样的。

1. 内核 Core

内核是 UNIX/Linux 系统的最底层，提供了系统的核心功能并允许进程以一种有序的方式访问硬件。内核控制进程、输入输出设备、文件系统及操作系统所需的其他任何功能，同时还管理内存。内核支持系统以多用户多任务的模式运行。

内核是为特定的硬件构建的，UNIX/Linux 系统运行在这些硬件上，而且内核处理最底层的任务。内核的主要工作内容包括以下几部分：

（1）管理进程　进程是被执行的程序。内核管理进程的创建、挂起和终止，并维护进程的状态。此外内核还提供不同的机制实现进程之间的互相通信。在分时系统中，内核还需要调度 CPU，以便多个进程能够并发地执行。

（2）管理文件　内核能够管理文件和目录（即文件夹），并执行所有与文件相关的功能，例如文件的创建与删除、目录的创建与删除、文件和目录的属性的维护等。

（3）管理内存　内存是系统的核心元素。内核根据某种有序的方式来分配或回收内存，以保证每个进程都有足够的运行空间正确地运行。有时一个进程需要的内存比可以使用的物理内存要大，此时就需要用到虚拟内存（虚拟内存用硬盘空间作内存来弥补物理内存的不足）。

管理内存有两种方法：①页面调度（Paging），当物理内存不足时，系统会把进程中不繁忙或不需要立即执行的一部分转移到硬盘上，当再次需要进程中被转移到硬盘上的部分时，再将其转移到内存中运行。②交换（Swaping），当物理内存不足时，系统会将不繁忙或不需要立即执行的进程移出物理内存，放在硬盘上，直到需要时，再在硬盘上直接运行或者从硬盘中转移到物理内存中运行。

2. shell

shell 是一个命令行解释器，是用户与操作系统进行交互的平台，可以直接用 shell 来管理和运行系统。现在常用的 shell 有如下三种。

（1）bourne shell　bourne shell 简称 sh，是 UNIX 系统的第一个 shell，提供了一种用于脚本编程的语言和调用其他程序的基本用户功能，缺点是用户交互功能比较差。在其基础上又发展成 bourne again shell，简称 bash，放在/bin/bash 中，是大多数 Linux 系统的默认 shell。

bash 完全向后兼容，并且在 sh 的基础上增加和增强了很多特性，具有很灵活和强大的编程接口，同时又有很友好的用户界面。

（2）c shell c shell 简称 csh，是加州大学伯克利分校创建的，改进 bourne shell 的一些缺点并使其类似 C 语言，控制作业的功能和为命令指定别名的功能使其易于与用户进行交互。在 Linux 系统中提供的是 tcsh。

（3）korn shell korn shell 简称 ksh，是由 David Korn 创建的，克服了 bourne shell 与用户交互的问题，解决了 c shell 的编程问题，但需要购买许可证。Linux 系统中提供的是 pdksh。

用户在登录到 Linux 系统时，由 etc/passwd 文件来决定使用哪个 shell。

3. 文件系统

文件系统是 Linux 系统的一个组件，它能够让用户查看、组织以及保存存储设备上的文件和目录，并与其进行交互实现对文件的操作。Linux 系统中主要有以下三种不同的文件系统：面向磁盘的、面向网络的和面向专用或虚拟的。

文件系统是操作系统最重要的部分之一。文件系统是操作系统用于明确磁盘或分区上文件的方法和数据结构，即在磁盘上组织文件的方法。一个完整的文件系统是多个文件的逻辑集合，文件位于磁盘或磁盘的分区上。

（1）常用目录 一般情况下在 UNIX/Linux 系统中把整个硬盘看成一个分区，实际中 UNIX/Linux 系统中磁盘的分区是比较复杂的。

在 UNIX/Linux 系统中任何软件和硬件都被看成是文件，像常用的物理驱动器（光驱、软驱和硬盘等）。UNIX 系统使用分层结构来组织文件，每个文件和目录都是从根目录开始的，根目录表示成"/"，根目录下包含一组常用的目录，一般的 UNIX/Linux 系统都包括以下目录：/、/bin、/root、/boot、/dev、/etc、/home、/lib、/mnt、/sbin、/tmp、/usr 和 /proc 等。UNIX/Linux 系统根目录下常见的子目录见表 2-1。

表 2-1 UNIX/Linux 系统根目录下常见的子目录

/	根目录，只包含文件顶层结构所需要的子目录
boot	包含用于启动系统的文件（引导系统的文件）
etc	包含系统配置文件，包括用户信息文件/etc/passwd 和系统初始化文件/etc/rc 等
bin	包含二进制（可执行）文件（基本系统程序），对系统的使用比较关键
dev/devices	包含设备文件（cdrom、eth0 等）和设备驱动程序
home	包含用户和其他账户的主目录
mnt	用于安装其他的临时文件系统
usr	可用于其他目的，或被许多用户使用
tmp	保存临时文件，有些文件在两次系统启动之间需要

在 UNIX/Linux 系统中想找到某一个文件，就要知道该文件的位置，一般用路径描述文件的位置。路径有绝对路径和相对路径两种。绝对路径是指文件在文件系统中的准确位置，从根目录开始写起。相对路径是指相对于用户当前工作目录中一个文件的位置。

（2）文件类型和权限 类型和权限是 Linux 系统中文件的重要内容。权限可以非常方便地控制文件的读写操作。

1）文件类型。在 Linux 系统中，每个文件都有自己的文件类型。如果用"ls -l"显示文件的详细信息，可以看到每个文件的最开始位置有一个文件属性的标注。

Linux 系统中常用的文件类型包括：①普通文件，类型符号为 "-"。②块设备文件，类型符号为 "b"。③字符设备文件，类型符号为 "c"。④目录文件，类型符号为 "d"。

例如 drwxr-xr-x，第一个字符为 d，表明这是一个目录。

2) 文件权限。在 Linux 系统中如果要访问一个文件，用户必须具有对该文件访问的权限。Linux 系统中每个文件都有自己的权限，对不同的用户可以设置不同的权限（文件所有者和其他用户）。

注意：刚才的第一个文件信息 drwxr-xr-x 中，文件属性标注之后的内容为 rwxr-xr-x，其中的第 2~4 位是表示文件所有者的权限，第 5~7 位表示文件所属组的权限，第 8~10 位表示其他用户的权限。每一组的第一个表示读权限，第二个表示写权限，第三个表示执行权限。

其中：r 表示具有读取的权限；w 表示具有写入的权限；

　　　　x 表示具有进入目录执行的权限；-表示没有权限。

文件的权限可以由根用户或文件所有者通过命令进行更改，命令为 chmod。

（3）文件系统管理　文件系统存储在硬件设备上，硬件设备一般是可以随机访问的存储介质（例如硬盘、光盘等）。文件存储的精确格式和手段并不重要，Linux 系统把各种文件系统的数据都整理成一个目录树的形式。

文件系统可以用 mkfs 命令创建。创建文件系统类似于格式化一个分区，只有创建文件系统之后才能存储文件。每种文件系统都有与自己相关联的 mkfs 命令，例如，mkfs. msdos 用于创建 MSDOS 文件系统，mkfs. ext2 用于创建 ext2 文件系统。还可以使用命令行加参数的方式来创建文件系统，其基本格式为 "mkfs -t type device blocks"，其中 type 是要创建的文件系统类型，device 是要创建文件系统的设备（如/dev/fd0），blocks 是文件系统的大小，以 1024B 为单位。

文件系统创建后，要想正常去访问，还必须把它挂载到一个确定的目录上。挂载后可以使其中的文件看起来像是在某一个目录中，此时可以按照常规的方法来进行访问操作。挂载文件系统的基本命令是 mount，基本格式为 "mount -t type device mount-point"。当挂载的文件系统不再需要访问操作时，要进行卸载操作，以节约系统资源，卸载文件系统的基本命令是 unmount，其基本格式是 "unmount device"。例如想要把光驱中的光盘拿出来，不能像在 Windows 系统中那样直接进行操作，而是要先进行卸载操作，再拿出光驱中的光盘，其命令为 "unmount /dev/cdrom"。

在系统正常使用的过程中，要进行文件系统的一致性检查，如果有错误或数据丢失要加以修补，这些错误通常来自于系统崩溃或突然停电。文件系统检查 fsck 命令可以检查文件系统并修正错误。fsck 命令也指定文件系统的类型，其基本的命令格式为 "fsck -t type device"。

4. 应用程序

应用程序是为完成日常的各种工作所需要开发的一些程序。

1) 办公系列：Open Office。

2) 上网系列：Mozilla。

3) 娱乐系列：可以去各大网站下载（一般是免费的）。

4）专业系列：Cadence、Synopsys、Tanner 和 Mentor Graphics 等。

2.2 系统的安装和启动

要想正常使用 Linux 系统，首先需要把 Linux 系统安装到计算机中去。

2.2.1 安装前的准备

要想正确地安装并使用 Linux 系统，必须有一台配置合理的计算机（PC、工作站或服务器）和相应的安装源文件。

1. 硬件配置

在 UNIX 系统的发展初期，UNIX 系统主要是在一些大型工作站或服务器上安装并使用，由于价格昂贵，个人很难买得起。现在为了普及 UNIX/Linux 系统，各大公司都相应地推出了适用于台式机的 UNIX/Linux 系统。

想要使 UNIX/Linux 系统运行正常流畅，必须要有合适的硬件配置。Sun 公司给出的 Solaris10 系统所需的配置建议如下：

CPU：1GHz 以上；内存：512MB 以上；硬盘：10GB 以上。

2. 安装软件

读者可以购买（购买一般只需要光盘的成本和运费）或者从网站上下载安装源文件。如果从网站下载 Solaris，建议在 Sun 的官方网站进行注册，这样可以获得部分的后续升级服务，要想获得全部的后续升级服务，要花费一定的费用。各种版本的 Linux 系统都有对应的官方网站或个人爱好者论坛，读者可以从这些网站上免费下载对应的版本。

下载完毕后把下载的镜像文件刻录到 CD 或 DVD 上，就可以从光驱执行安装过程。

2.2.2 安装过程

安装 UNIX/Linux 系统可以有两种方式：一是从光驱执行启动安装，这样需要在磁盘上为 UNIX 系统预留一个单独的硬盘分区；二是采用虚拟机进行安装，这样不需要预留分区，但需要计算机有较大的内存，因为运行 UNIX/Linux 系统相当于同时运行两个系统。

1. 虚拟机

目前常用的虚拟机有两个：VMWare 和 Virtual PC，本例以 VMWare 为主。

启动 VMWare 后，单击新建虚拟机选项，然后选择自定义或典型（自定义可以更改一些默认设置），设置过程中需要选择对应的系统（如果安装新版本的 Fedora Core 系统，就要选择 Red Hat Linux Enterprise 版本）。

创建完虚拟机后，就可以像正常的 PC 一样开机进入 BIOS，设置启动顺序等。在光驱设置时要根据安装源文件的形式（光盘或 ISO）来正确设置虚拟机光驱。

2. 安装

单击 VMWare 左侧的"启动此虚拟机"，随后像正常的计算机启动一样，出现启动界面，此时在启动界面中单击鼠标，让虚拟机接管键盘鼠标。按下 F2 键进入 BIOS，更改启动顺序选项，将光驱设置为第一启动（或第二启动，否则在第一遍重启的时候要更改启动顺序）。

正常启动后，出现画面提示，读者可以根据具体的提示（英文或中文）去选择对应的安装方式。一般情况下，UNIX/Linux 系统都支持图形界面安装和文本界面安装，其中图形界面安装对计算机配置要求稍高。

2.2.3　启动、登录

1. 启动

Linux 系统安装完毕后就可以正常启动，启动可以分为热启动和冷启动。

冷启动是从电源关闭状态开始一直到操作系统完全可以正常登录所发生的一切。具体的启动过程可以分为以下几步：①由只读存储器 ROM 加载某些程序（主要是引导程序，引导程序用于识别启动的硬件以及判断该硬件是否可用），这些程序用于实际启动系统，也可以称为初始化设备。一次只能从一个设备上启动系统（光驱、硬盘或网络等），因为可以将很多个不同的设备设置为可以启动的，所以一旦从某一个设备启动失败，系统将会自动从下一个启动设备上进行启动。②识别完毕，引导程序将控制权转移给 UNIX/Linux 系统内核，内核通常位于系统的根分区。③开始进入系统初始化阶段，启动系统进程和脚本。Init 是系统开始的第一个工作，它是其他所有进程的父进程，而且必须一直处于运行状态，主要是调用初始化脚本并完成系统相关的管理任务。④初始化完毕，系统开始准备运行并接受用户登录。

热启动是指计算机在正常使用的过程中执行的启动。与冷启动的主要区别是没有冷启动的第①步。

2. 登录

登录系统的前提是要有一个合法的用户名和口令（即密码）。

根据登录系统的位置可以分为本地登录和远程登录，也可以按照登录的界面分为文本界面（命令行）登录和 GUI（图形用户界面）登录。

在登录界面中，在用户名对话框中输入用户名（输入用户名界面如图 2-1 所示），按回车后提示要求输入口令（在输入口令的过程中，有些 UNIX 系统没有任何的显示，有些系统显示为星号或圆点），输入用户口令界面如图 2-2 所示。如果用户名和口令匹配，回车后就可以正常登录进入系统。用户登录后的系统界面如图 2-3 所示。

图 2-1　输入用户名界面

图 2-2　输入用户口令界面

对于一些 UNIX 系统，在登录界面中（有时也需要主动登录到命令行界面），选择命令行方式，会出现命令行登录界面，提示主机名控制登录，输入用户名并回车，然后输入口令

图 2-3   用户登录后的系统界面

并回车。如果用户名和口令匹配就会显示一些相关信息（上次登录时间、本次登录时间和 UNIX 系统版本信息等）并出现命令行提示符。显示上次登录时间是一种安全机制，如果显示的上次登录的时间不是你登录的时间，说明有人盗用你的用户名和口令。

一般情况下，尽量避免使用 root 用户登录，除非要完成系统管理任务，在非用不可时才能用它登录。由于 root 用户是一个特权用户，拥有绝对的操作权利，能越过 UNIX/Linux 系统正常的安全和完整性检查。

登录后，如果要结束使用，必须要把计算机关闭。正常情况下需要以一种受控且有序的方式退出系统，以防止进程或任务异常终止。Unix/Linux 系统的关闭系统有专用的命令，常用的有 halt、shutdown 和 poweroff，其中 shutdown 是首选的方法，它使用系统提供的脚本进行正确的关闭。

2.3   Linux 系统的用户及管理

要想正常地登录并使用 Linux 系统，必须有一个合法的用户名和口令。Linux 系统是多用户系统，不同的用户可以同时登录系统完成自己的工作。

2.3.1   Linux 系统的用户类别

Linux 系统主要有三种类型用户：根用户（超级用户）、系统用户和普通用户。根用户可以完全不受约束地控制系统，可以在系统上执行任何操作；系统用户是对系统特定组件进行操作的账户用户，系统用户是在操作系统（OS）的安装过程中提供的，像邮件账户；普通用户可以与系统进行交互式访问，对关键系统文件或其他用户文件的访问权限是受限制的。

1. 根用户

根用户（root）可以完全地控制系统，以至于可以运行命令来完全地破坏系统。根用户可以不受任何限制地访问、修改和删除所有的文件，包括其他用户的文件。

每个 Linux 系统只有一个根用户，在平时使用 Linux 系统的时候尽量不要使用根用户登录，只有在必要的时候（系统维护等）才能使用根用户登录。

2. 系统用户

系统用户是对系统特定组件进行操作所需的那类账户，通常由操作系统在安装的过程中提供或者由软件制造商（包括内部开发商）提供。系统用户通常协助处理普通用户所需的服务或程序。

不同公司的 Linux 系统可能有不同类型的系统用户。一般的系统中都可以在/etc/passwd 文件中找到以下的系统用户：adm、sys、alias、ftp、mail 和 guest 等。系统上的某些特殊功能通常需要用到这些用户，对这些特殊功能所做的任何修改都可能会给系统带来不良的影响。

3. 普通用户

普通用户可以正常使用 Linux 系统去完成一些工作，通常对关键系统文件和目录的访问是受限制的。一般普通用户使用少于 8 个字母的用户名（不是必须的）。

4. 组账户

组账户增加了一种功能，这种功能可以将其他账户集中在一起组成一个逻辑排列，从而简化权限管理。Linux 系统权限作用于文件和目录上，并分别控制三类用户的权限：文件的所有者，也称为用户；指派给文件的组，也简称为组；在系统上拥有合法注册但既不是所有者也不是属于组的人，也称为其他。组的存在使得资源或文件的所有者能够授予一类用户访问文件的权利。例如，有一家公司大约 100 人，包括人力资源、生产、研究和技术部门，其中的人力资源部门负责公司员工的培训和薪水等。而薪水信息一般只有人力资源部门人员有权访问并修改，如果公司的总经理想关心员工查看一下公司的整个薪水水平，管理员就可以把他也加入到人力资源组中。

组的强大之处在于基于访问需求，一个用户可以属于不同的多个组。例如，内部审计组的两个成员可能需要访问每个人的数据，但他们的目录需要保护不能让其他人看。要实现这一点可以让他们属于所有的组，同时还有一个专门的审计组，他们是该组仅有的成员。

2.3.2　用户信息文件

用户管理是维持系统正常运行的基础。出于安全的考虑，管理权限应该只分配给需要对账户进行管理的少数账户用户。在 Linux 系统中有三个主要的用户信息文件，分别是：

1）/etc/passwd 为系统识别已经授权的用户。

2）/etc/shadow 保存相应用户加密后的口令。

3）/etc/group 存放组账户的信息。

1. 文件/etc/passwd

该文件保存了 Linux 系统上与用户相关的大部分信息，主要包括所有用户的登录名的清单、为所有用户指定的工作主目录的具体位置、登录时使用的 shell 的名称、用户的登录口令、用户的系统识别号等。该文件只有根用户能修改。从系统文件夹/etc 中可以找到该文件，直接打开，就可以看到相关的信息。passwd 文件中的内容如图 2-4 所示。

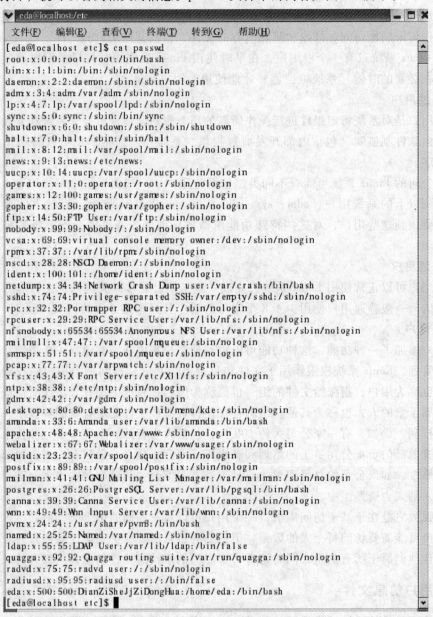

图 2-4　passwd 文件中的内容

由图 2-4 可以看出，passwd 文件中第一行是根用户 root 的信息，最后一行是当前登录用户 eda 的信息。观察其中的任意一行，可以看到每一行都由冒号分成了 7 个独立的部分（每个部分称为字段）。虽然有些字段可以为空，但是文件中的每个条目都必须具备全部的 7 个字段。

1）Login ID（用户名）：用户登录系统时输入的用户名，用户名应该是唯一的。用户名通常由管理员分配。

2）加密的口令或 x：如果使用隐式口令，该字段只有一个 x，否则是一串加密的字符。在 Linux 系统中一般只允许特定的用户查看修改该文件。用户自己可以修改口令，一般初始口令由管理员提供。

3）UID（用户 ID 号）：系统通过 ID 号识别用户。用户一般只能通过用户名与系统进行交互，但是 Linux 系统用一个用户号码（UID）来代表用户。每个用户分配一个 UID，UID 的范围一般很大（0~65535，有的系统更大），其中 0~99 保留为系统 UID（根用户的 UID 为 0，而且总为 0）。

4）默认 GID（组 ID）：用户所属的首要的或默认的组，这不会限制一个用户所能从属的组，只能说明识别用户登录后通常属于的组。这个号码不需要是唯一的，因为许多用户可以共享一个组而不会对系统产生不良的影响。

5）COMMENT（注释）：这个字段保存账户的相关信息，如用户全名、电话及其他一些可读的信息。大多数公司的 Linux 系统都利用它为用户添加一些联系信息。系统上的任何用户都可以能够查看该文件中的内容，因此不能提供一些个人的机密信息。

6）用户的主目录（或登录时的位置）：可以是任何有效的目录（通常在/home 下），用户所有者拥有该目录的所有权限（读写）。不要将/tmp 分配给任何用户作为主目录，这样可能会产生严重的安全隐患。

7）用户登录的 shell：它必须是一个有效的 shell（通常列在/etc/shells 文件中），否则用户将不能交互式登录。

2. 文件/etc/shadow

该文件保存了已经加密的本地用户的口令记录以及所有口令的期限（说明口令过期的时间）或限制。该文件中一般都包括 9 个字段（不同的 Linux 可能会有所差别）。该文件一般只能由根用户或系统管理用户打开。以根用户登录后打开 shadow 文件的内容如图 2-5 所示。

1）登录用户名：登录的用户名，该信息与/etc/passwd 文件中的第一个字段对应。

2）加密后的口令：一般包括 13 个或更多个字符，由于只有根用户能够读取这个文件，相对于将口令放在任何用户都能读取的/etc/passwd 文件中，口令获得了更多的保护。

3）自 1970 年 1 月 1 日以来直到口令被修改时为止的天数。这个天数与其他字段一起使用以决定用户和口令是否依然有效，以及口令是否需要更新（人们将 1970 年 1 月 1 日称为新纪元）。

4）用户能够再次修改其口令之前所必须经过的最小天数。这个天数使得系统管理员能够阻止用户自从上次修改口令以后过快地再次修改口令。如果你的口令不幸被黑客破解，可以防止黑客修改你的口令（减少修改的可能性）。

5）口令需要修改之前保持有效的最大天数。管理员使用这个字段来执行口令修改策略，以降低恶意实体使用暴力破解（不断地尝试口令）破译口令的可能性。

6）口令到期前警告用户的天数。给每个用户发警告，通知其口令将到期，使其有机会在口令过期之前选一个合适的时间修改口令。

7）密码过期后系统自动禁用账户的天数，天数大小随各种 Linux 系统的不同而不同，但是通常表示在用户不能登录之前该账户持续有效的天数，或者是从口令到期到用户不能用之间的天数。

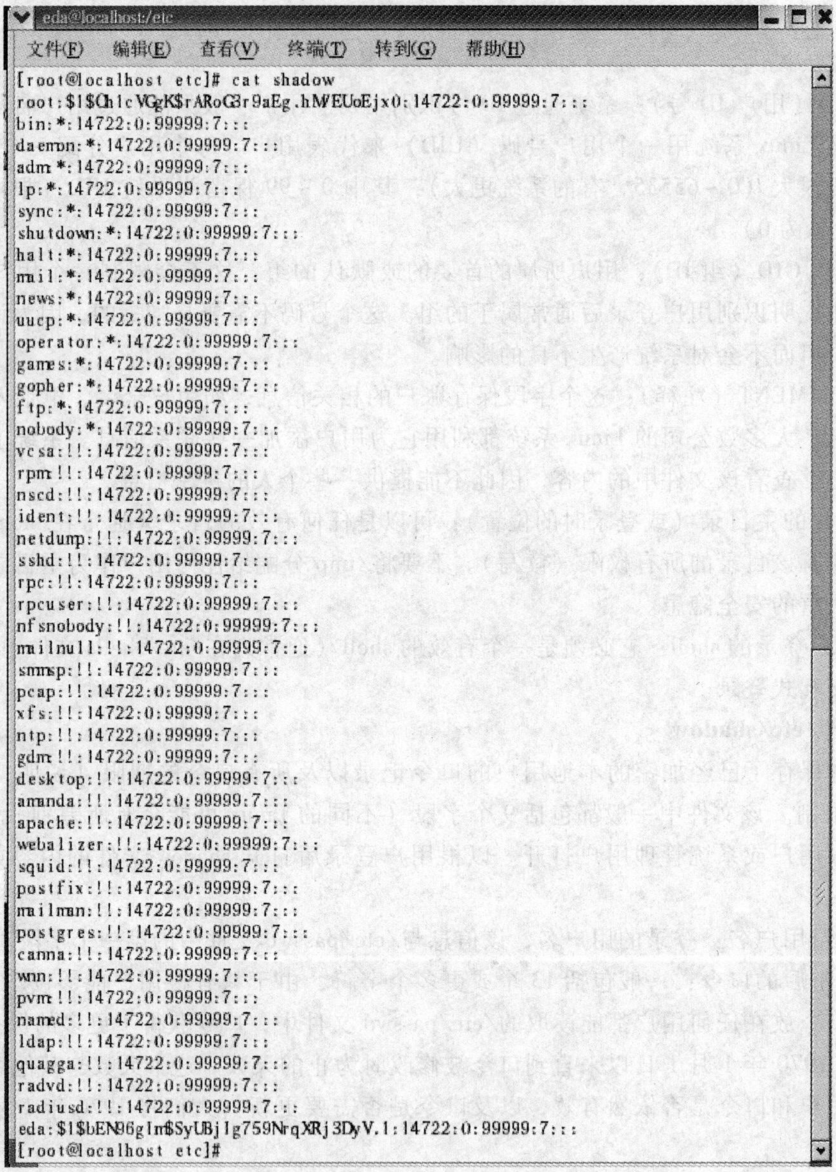

图 2-5   shadow 文件的内容

8）从 1970 年 1 月 1 日开始，到用户口令到期之间的天数。

9）保留字段，以备将来使用。

3. 文件/etc/group

用户组是逻辑地组织用户账户集合的方便途径，它允许用户在组内共享文件。文件系统中的每一个文件都有一个用户和一个组的属主。同时每一个用户必须至少属于一个组，但又可以属于多个组。group 文件的部分内容如图 2-6 所示。

该文件包含每个用户的组信息，一般包括组名、使用该组的口令、组 ID 和属于组的用户列表。

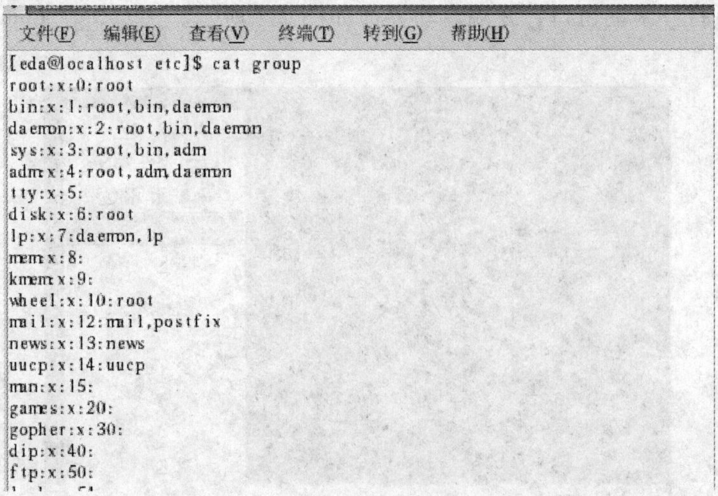

图 2-6　group 文件的部分内容

2.3.3　用户管理操作

Linux 系统的用户管理一般包括添加一个新用户、删除一个旧用户和查封一个旧用户。

1. 增加用户

Linux 系统增加一个用户需要几个基本的步骤：加一个记录到/etc/passwd 文件中，创建该用户的主目录，在用户主目录中设置用户的默认配置文件（一般为 .bashrc）。

在 Linux 系统中，有一个专门用来增加用户的命令是 useradd 命令（或 adduser 命令）。useradd 命令的版本一般分为交互式和命令行式。交互式的 useradd 命令在运行后会提示管理员输入新用户的各种信息，管理员只要按照提示输入正确的内容就可以建立用户账号了。命令行式的 useradd 命令需要通过命令行参数指定用户的各种信息，建立的原理是一样的。

建立完后新用户账号后就可以进行登录了，口令为管理员设定的口令，一般情况下，为了保证安全性，新用户账号在第一次登录后应该立即修改自己的口令（用 passwd 命令）。

2. 删除和查封用户账号

当一些用户不再使用这个系统的时候，就要将这个用户的账号删除或查封。要删除一个账号，必须删除/etc/passwd 文件中此用户账号的记录，同时删除/etc/group 文件中提及的此用户，再删除用户的主目录及其他由此用户创建或属于此用户的文件。

userdel 命令是专门用来删除一个账号和其主目录的。

如果需要临时查封一个暂时不用的用户账号，可以有两种简单的方式，一是在/etc/passwd 文件中把用户的记录删除，二是在/etc/passwd 文件中，在这个用户记录的 password 域中的第一个字符前加一个字符"＊"，则禁止了此账号的登录。

2.4　Linux 系统常用命令

要想熟练地使用 Linux 系统，即使是在图形界面环境下，也要掌握常用的 Linux 系统的命令。在 Linux 系统中，命令要在终端（Terminal）执行。在桌面上单击右键，选择其中的工具→终端即可打开终端窗口，终端启动界面如图 2-7 所示。注意，在 Linux 系统中是区分大小写的。

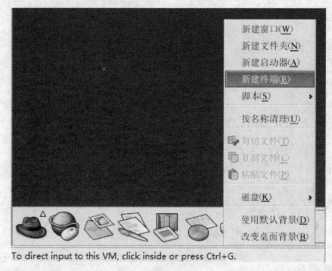

图 2-7　终端启动界面

2.4.1　系统命令

1. man 命令

man（mannual）命令可以提供帮助，找到特定的联机帮助，主要是显示某个命令的功能和常用参数，一般是关于用户手册的内容。

基本语法为"man [options] [-S section] command_list"。

-S 是选择其中的某个章节，因为有时候某个关键字可能在用户手册多个章节中出现，但自己只需要其中的某一章，就可以用"-S"参数来约束（一般情况下是第 1 章）。

用户手册一般分为 8 个章节：①用户命令。②系统调用。③语言的函数库调用。④设备和网络接口。⑤文件格式。⑥游戏和演示。⑦系统环境等。⑧系统维护相关的命令。用户手册由多页特定格式的文档组成，特定格式一般包括名称、摘要、描述、文件列表、相关信息、错误、警告及程序漏洞等。

例如"man -S1 ls"。

如果不确定要查找命令的具体写法，只知道其中的一部分字母，则可以用 man 命令的-k参数来直接查找包含特定关键字的命令。

例如"man -k passw"。

实例，假如想查询 man 命令的使用说明，可以输入"$man man"，查询 man 命令的使用信息如图 2-8 所示。

2. whatis 命令

此命令可以获得 Linux 系统的命令功能的简单介绍，一般语法为"$whatis keywords"。whatis 命令的帮助信息如图 2-9 所示。

3. who 命令

查看其他登录的用户。

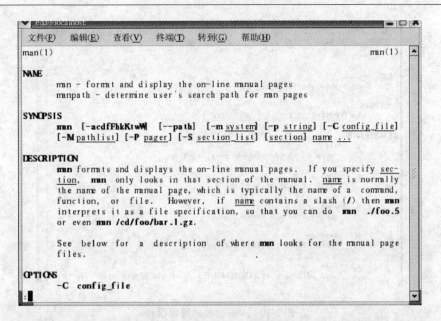

图 2-8　查询 man 命令的使用信息

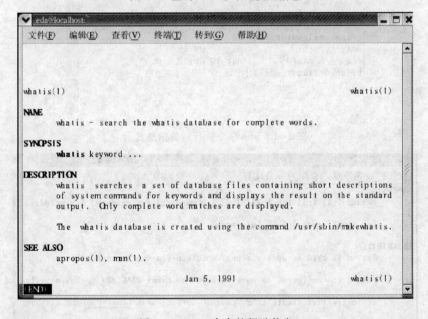

图 2-9　whatis 命令的帮助信息

基本命令格式为 who [--count]。

其中，--count 参数只输出用户的登录名和正在使用的用户数目。

who 命令的帮助信息如图 2-10 所示，who 命令执行后的信息显示如图 2-11 所示。

4. passwd 命令

passwd 命令用于用户修改或设置口令。一般情况下根据系统的提示信息进行操作就可以完成口令的修改。passwd 命令的帮助信息如图 2-12 所示。

5. alias、unalias

Linux 系统可以用 alias 命令来为其命令创建别名。该命令在 bourne shell、korn shell 和

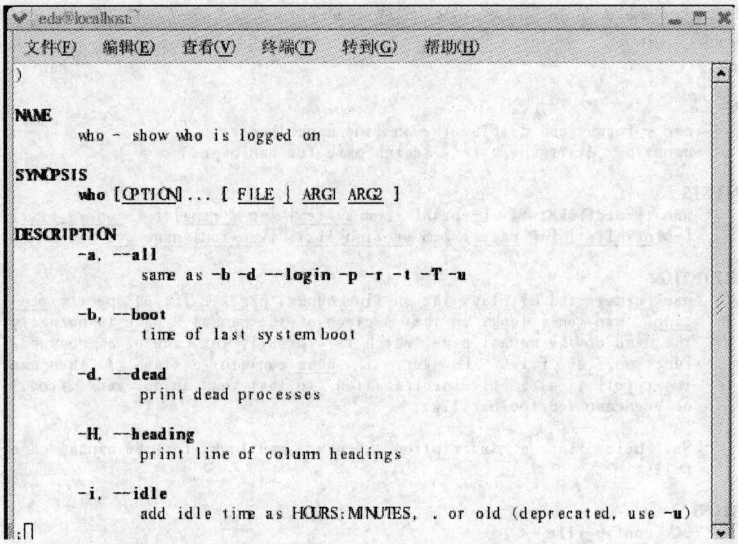

eda@localhost:~
文件(F) 编辑(E) 查看(V) 终端(T) 转到(G) 帮助(H)
NAME
who - show who is logged on
SYNOPSIS
who [OPTION]... [FILE | ARG1 ARG2]
DESCRIPTION
-a, --all
same as -b -d --login -p -r -t -T -u
-b, --boot
time of last system boot
-d, --dead
print dead processes
-H, --heading
print line of column headings
-i, --idle
add idle time as HOURS:MINUTES, . or old (deprecated, use -u)

图 2-10 who 命令的帮助信息

eda@localhost:~
文件(F) 编辑(E) 查看(V) 终端(T) 转到(G) 帮助(H)
[eda@localhost eda]$ who
eda :0 Aug 10 09:46
eda pts/0 Aug 10 09:58 (:0.0)
[eda@localhost eda]$

图 2-11 who 命令执行后的信息显示

eda@localhost:~
文件(F) 编辑(E) 查看(V) 终端(T) 转到(G) 帮助(H)
SYNOPSIS
passwd [-k] [-l] [-u [-f]] [-d] [-n mindays] [-x maxdays] [-w warndays]
[-i inactivedays] [-S] [username]
DESCRIPTION
Passwd is used to update a user's authentication token(s).
Passwd is configured to work through the Linux-PAM API. Essentially, it initializes itself as a "passwd" service with Linux-PAM and utilizes configured password modules to authenticate and then update a user's password.
A simple entry in the Linux-PAM configuration file for this service would be:
#
passwd service entry that does strength checking of
a proposed password before updating it.

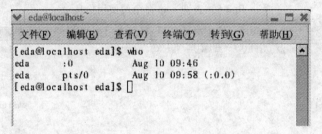

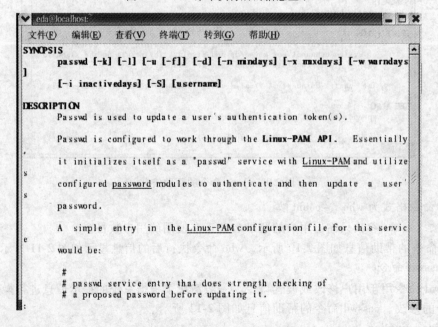

图 2-12 passwd 命令的帮助信息

bash shell 下遵循同一种语法，而在 c shell 中是另外一种语法。

其基本语法如下：

alias［name［= string］…］　　　　　　　　bash shell 下，允许命令行执行

alias［name［string］］　　　　　　　　　　c shell 下，允许命令行执行

命令的别名可以放在 . profile 文件（System V）或 . login 文件（BSD）中，但一般情况下是放在 . bashrc 文件（bash）或 . cshrc 文件（c shell）中。在登录系统时，. profile 文件（System V）或 . login 文件（BSD）被执行，而 . bashrc 文件（bash）或 . cshrc 文件（c shell）则是在每次启动 bash shell 或 c shell 时才被执行。

例如"alias dir = ' ls -a'"。

直接运行不带参数的 alias 命令时，将列出当前默认设置的所有别名。

Linux 系统可以用 unalias 命令从别名列表中删除一个或多个别名。参数-a 是删除别名列表中的全部别名。

6. shell 命令

在 UNIX 系统常用的 shell 有 bourne shell（bsh）、c shell（csh）和 korn shell（ksh）等。而在 Linux 系统中比较新的是 bash、tcsh 和 zsh，这些 shell 都是从 UNIX 系统的 shell 发展而来。

想要使用某种 shell，直接在终端命令行中输入对应的命令即可。直接输入命令调用的 shell 称为临时 shell，若要终止或离开新的临时 shell，返回到登录默认的 shell，可以在命令行中输入 exit 或按 Ctrl + D。

7. clear 命令

clear 命令用于清除屏幕（一般是命令行终端窗口的屏幕），命令提示符被移动到屏幕左上角。

2. 4. 2　文件命令

文件是组成系统的基础，在 Linux 系统中所有的操作都是针对文件的，文件夹和各种硬件设备都被认为是文件。

1. pwd 命令

该命令用于显示用户在文件系统中的所处位置。知道了在文件系统中的位置，就可以使用相对路径完成对文件的操作。在 Linux 系统中系统提示符不显示目前所处的位置，因此在新建文件时就不能确定新建文件的具体位置。

pwd（print work directory）命令没有参数，在终端中直接输入命令后回车即可。pwd 命令执行后的显示信息如图 2-13 所示。

2. ls 命令

该命令可以列出用户有权访问的任何文件夹（目录）中的内容。

ls（list）命令有一系列的参数，可以通过 man 命令查看详细说明。

不加参数时，将显示当前工作目录的内容。参数-a 是显示所有的文件和目录，包括隐藏的文件和目录，-l 是显示文件的详细信息。Linux 系统中隐藏文件的特征是在文件名前面加一个"."。

例如不加目录参数时的"ls -al"命令，"ls -al"命令执行后的显示信息如图 2-14 所示。

```
eda@localhost:
文件(F)  编辑(E)  查看(V)  终端(T)  转到(G)  帮助(H)
[eda@localhost eda]$ pwd
/home/eda
[eda@localhost eda]$
```

图 2-13　pwd 命令执行后的显示信息

```
eda@localhost:
文件(F)  编辑(E)  查看(V)  终端(T)  转到(G)  帮助(H)
[eda@localhost eda]$ ls -al
总用量 144
drwx------   15 eda    eda        4096  8月 10 09:58 .
drwxr-xr-x    3 root   root       4096  4月 23 10:06 ..
-rw-------    1 eda    eda         103  8月 10 09:57 .bash_history
-rw-r--r--    1 eda    eda          24 2004-08-19 .bash_logout
-rw-r--r--    1 eda    eda         191 2004-08-19 .bash_profile
-rw-r--r--    1 eda    eda         124 2004-08-19 .bashrc
-rw-r--r--    1 eda    eda        5542 2003-09-17 .canna
-rw-r--r--    1 eda    eda         237 2003-05-22 .emacs
-rw-rw-r--    1 eda    eda       12558  8月 10 09:58 .fonts.cache-1
drwx------    5 eda    eda        4096  8月 10 09:46 .gconf
drwx------    3 eda    eda        4096  8月 10 10:08 .gconfd
drwx------    5 eda    eda        4096  4月 23 10:16 .gnome
drwxr-xr-x    6 eda    eda        4096  8月  4 10:44 .gnome2
drwx------    2 eda    eda        4096  4月 23 10:15 .gnome2_private
drwxr-xr-x    2 eda    eda        4096  4月 23 10:16 .gnome-desktop
drwxr-xr-x    2 eda    eda        4096  8月 10 09:47 .gstreamer
-rw-r--r--    1 eda    eda         120 2004-08-24 .gtkrc
-rw-rw-r--    1 eda    eda         134  4月 23 10:15 .gtkrc-1.2-gnome2
-rw-------    1 eda    eda         189  8月 10 09:46 .ICEauthority
drwxr-xr-x    3 eda    eda        4096  4月 23 09:31 .kde
drwx------    3 eda    eda        4096  4月 23 10:16 .metacity
drwxr-xr-x    3 eda    eda        4096  4月 23 10:16 .nautilus
drwxr-xr-x    2 eda    eda        4096  4月 23 10:16 .pyinput
-rw-------    1 eda    eda           0  4月 23 10:16 .recently-used
-rw-------    1 eda    eda         475  4月 23 10:16 .rhn-applet.conf
drwx------    3 eda    eda        4096  8月 10 09:47 .thumbnails
-rw-------    1 eda    eda         213  8月 10 09:46 .Xauthority
drwxr-xr-x    2 eda    eda        4096  4月 23 09:35 .xemacs
-rw-------    1 eda    eda       13559  8月 10 10:12 .xsession-errors
-rw-r--r--    1 eda    eda         220 2002-11-28 .zshrc
[eda@localhost eda]$
```

图 2-14　"ls -al"命令执行后的显示信息

　　例如加目录参数时的"ls /mnt"命令，"ls /mnt"命令执行后的显示信息如图 2-15 所示。

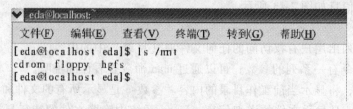

```
eda@localhost:
文件(F)  编辑(E)  查看(V)  终端(T)  转到(G)  帮助(H)
[eda@localhost eda]$ ls /mnt
cdrom floppy  hgfs
[eda@localhost eda]$
```

图 2-15　"ls /mnt"命令执行后的显示信息

　　除了这两个常用的参数以外，还有一些常用的参数。

-p：在每个文件名后附上一个字符以说明该文件的类型；

-s：在每个文件名后输出该文件的大小；

-A：用于输出除了 "."、".." 以外的所有文件；

-R：列出所有子目录下的文件。

3. cd 命令

该命令可以使用户改变自己在文件系统中的位置。不带参数时使用 cd（change directory）命令直接返回到用户的主目录（主目录即是用户登录到系统后会从某个目录开始自己的工作，一般为/home/用户名）。

例如 cd 命令，此命令执行后返回到用户的主目录。结合 pwd 命令可以很好地理解此命令的含义。

例如 "cd /mnt/hgfs" 命令，执行后将进入到/mnt/hgfs 目录中。

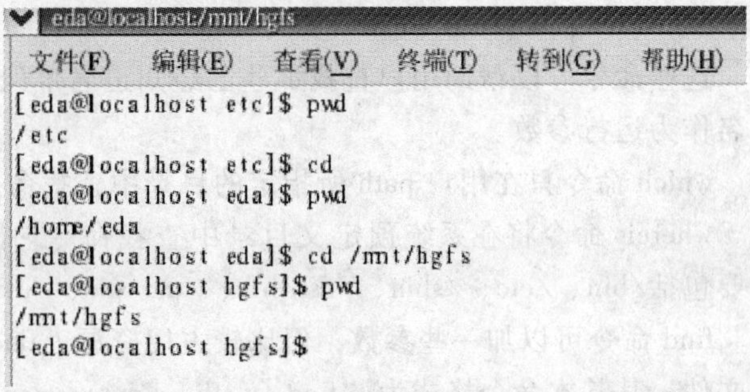

图 2-16　cd 命令和 pwd 命令执行示意图

cd 命令可以再结合 pwd 命令一起执行，cd 命令和 pwd 命令执行示意图如图 2-16 所示。

由图 2-16 可以看出，刚才查看用户文件时处于/etc 目录下，执行 "cd" 命令后返回到用户主目录/home/eda，执行 "cd /mnt/hgfs" 命令后又切换到/mnt/hgfs 目录。

4. mkdir、rmdir 命令

mkdir（make directory）命令创建指定的目录，参数是新建目录的路径和名称。

建立子目录的基本命令格式如下：

mkdir [-p] [-m mode] directory

其中，-p 参数用于确定输入的每一层目录都存在，如果不存在，则建立不存在的目录；-m 参数用于给建立的目录设定权限（默认为 drwxr-xr-x）。

此命令结合 "ls" 命令使用可以加深理解。

例如 "mkdir /home/ eda/xuexi" 命令，mkdir 命令结合 ls 命令执行后的结果如图 2-17 所示。

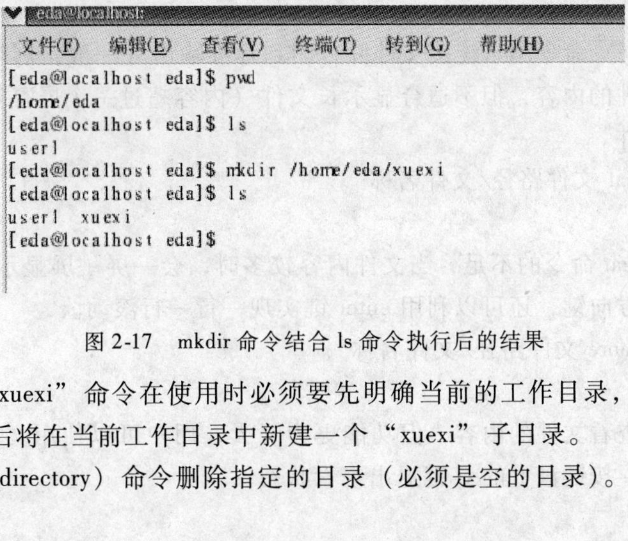

图 2-17　mkdir 命令结合 ls 命令执行后的结果

再如，"mkdir xuexi" 命令在使用时必须要先明确当前的工作目录，因为使用的是相对路径，此命令执行后将在当前工作目录中新建一个 "xuexi" 子目录。

rmdir（remove directory）命令删除指定的目录（必须是空的目录）。

删除空目录的基本命令格式如下：

rmdir［-p］ directory

其中，参数-p用于删除父目录（如果删除这个目录后，这个目录的父目录为空，则也删除父目录）。

例如"rmdir -p /home/user1/xuexi"命令，执行后删除 xuexi 子目录，如果 user1 目录为空，则同时删除 user1 目录。

5. which、whereis 和 find 命令

这些命令可以帮助用户查找那些已经知道名字但不知道具体位置的文件，执行命令时文件名作为运行参数。

which 命令只在用户 path 所指定的目录中查找命令，基本命令格式为"which 命令名"。

whereis 命令将在系统预定义目录中查找命令。默认路径为部分系统目录和用户目录，主要包括/bin、/etc、/sbin、/usr/bin、/usr/etc、/usr/sbin 和/usr 目录下的一些子目录。

find 命令可以加一些参数，但比较占用资源。find 命令主要用来在大量目录中搜索指定的文件，其基本命令格式为"find［path］［expression］"。

其中，参数 path 用于指定要搜索的目录；expression 参数用于说明要搜索的文件的匹配标准或说明。

6. file 命令

找到一个文件后，就要对这个文件执行某些操作，但首先应知道该文件的类型：二进制文件、文本文件、目录文件、设备文件或其他，这时应使用 file 命令。

根据文件类型来确定使用对应的操作命令，file 命令的基本命令格式为"file 文件名"。

例如"file xuexi"命令，"file xuexi"命令执行后的结果如图 2-18 所示。

图 2-18　"file xuexi"命令执行后的结果

7. cat 命令

cat（concatenate）命令用于连接文件并打印到标准输出（一般指屏幕），即该命令用于在显示器上显示文件的内容，但不适合显示长文件（内容超过一个屏幕）。一般情况下用于显示二进制文本文件。

一般语法是"cat 文件路径/文件名称"。

8. more 命令

该命令解决了 cat 命令的不足，当文件内容较多时，会一屏一屏显示文件内容。滚动屏幕内容用空格键或方向键，还可以利用 enter 键实现一行一行滚动。

一般语法是"more 文件路径/文件名称"。

9. less 命令

该命令也可以查看文件的内容，但功能更为强大，用户可以使用文本编辑器 vi 的移动命令键来操作屏幕，按键盘上的 Q 键退出查看状态。

10. cp 命令

该命令可以在文件系统中复制某个文件，注意，用户必须具有对该文件的操作权限。cp（copy）命令的参数比较多，读者可以通过帮助命令来查看，此处仅介绍比较常用的几个参数。

-f：删除已经存在的目标文件；

-P：将给出路径的源文件连路径一起复制；

-r：整个目录一起复制；

-v：在复制时输出每个文件的名称。

例如 "cp /home/eda/readme/home/eda/xuexi/readme"。

11. mv 命令

该命令可以在文件系统中将某个文件移动到新位置，同时可以改变文件的名称。注意，用户必须具有对该文件的操作权限。mv（move）命令的参数比较多，读者可以通过帮助命令来查看，此处仅介绍比较常用的几个参数：

-b：为要移动的文件制作备份；

-f：强制覆盖已有的文件；

-v：在移动每个文件时输出相应的信息。

例如 "mv/home/eda/readme /home/eda/user1/readme. txt"。

12. rm 命令

该命令可以从文件系统中删除某一个文件。rm（remove）命令可以配合不同的参数来完成不同的操作。

-d：本参数可以替代 rmdir 命令删除目录，一般只有超级用户有权使用；

-f：本参数可以强制删除一个文件而不会询问确认；

-r：本参数使该命令可以进入到指定的子目录中去执行删除操作，即可以删除非空的目录。

例如　rm /home/user/readme

　　　　rm -rf /home/user

13. chmod 命令

前面已经讲过，文件权限控制用户对文件的访问权，主要有三个级别：文件所有者级别、组用户访问级别和其他用户访问级别。对于每一种级别又有三种权限：读（r）、写（w）和执行（x），而 chmod 命令可以修改文件的权限，前提是操作者要首先具有对应的权限。修改文件的权限主要有以下两种方式：

第一种改变权限的方式为使用符号模式，文件的所有者用字母 u 表示，文件所属的组用字母 g 表示，其他用户用字母 o 表示。改变权限的命令操作为 "chmod u = rwx 文件的路径和名称"。

第二种改变权限的数字模式，文件的权限由三位表示，每一位为 1 表示有效，为 0 表示无效，则 rwx 为 111，r-x 为 101。改变权限的命令操作为 "chmod 471 文件路径和名称"。

2.4.3　其他命令

1. du 命令

du（disk usage）命令是通过指定目录来显示某个分区的空间使用情况。常用参数有以下几个：

　　-a：显示文件总和；

　　-b：以字节（B）为单位输出所占空间的大小；

　　-k：以千字节（KB）为单位输出所占空间的大小。

　　例如"du xuexi"命令（或"du /home/eda/xuexi"命令），"du xuexi"命令执行后的输出信息如图 2-19 所示。

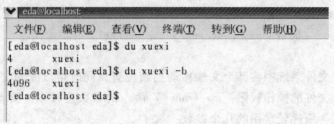

图 2-19　　"du xuexi"命令执行后的输出信息

2. df 命令

df 命令用于报告磁盘的剩余空间。常用参数有以下几个：

　　-a：列出 BLOCK 为 0 的文件系统，默认不列出；

　　-k：以千字节（KB）为单位来输出 BLOCK；

　　-T：输出每个文件系统的类型。

df 命令执行后的输出信息如图 2-20 所示。

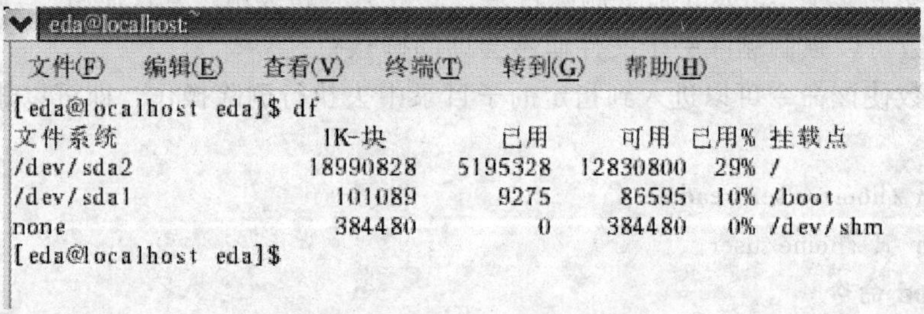

图 2-20　df 命令执行后的输出信息

3. fsck 命令

该命令可以尝试修复硬盘出现的问题，这些问题一般是由突然停电或系统自然崩溃引起的。

fsck（file system check）命令的功能是检查文件系统并修正错误，检查时也可以指定文件系统的类型，其基本格式为"fsck -t type device"。

需要注意的是 fsck 命令并不能检查和修补文件系统的所有错误，一般能处理比较常见的问题。例如如果用户不小心删除了一个重要的文件，现在还没有很简单的方法来恢复并修正它。

4. tar 命令

tar 命令是为 GNU 版的文件打包备份的命令，该命令可以对文件目录进行打包压缩并解包。其比较常用的参数包括以下几个：

-c：建立新的归档文件；

-x：从归档文件中解出文件；

-v：处理过程中输出相关信息；

-z：用 gzip 来压缩归档文件。如果压缩时使用，解压时也要使用。

例如，打包压缩命令为"tar -czvf 文件名 . tar. gz 文件目录"，解包命令为"tar -xzvf 文件名 . tar. gz"，解包时直接解在当前目录下。

5. mount 命令

该命令可以查看加载所用的文件系统，一般可以加载硬盘、光盘和移动硬盘。

命令格式为"mount -t 设备类型 -o 选项 设备名 加载点"。

其中设备类型如下：

msdos 表示 msdos 的硬盘；

vfat 表示 Windows98 的硬盘和 U 盘；

nfs 表示网络文件系统；

iso9660 表示 cdrom 的标准文件类型；

ntfs 表示 Windows NT 的文件系统。

进行选项说明时，如果需要显示中文，则选项说明为"codepage = 936 iocharset = gb2312"；如果需要挂载 ISO 镜像文件，则选项说明为 loop。

设备名一般包括/dev/cdrom、/dev/sda2 等，具体设备的类型可以用 fdisk 命令去查看。"fdisk -a"命令可以列出当前连接到该机器上的磁盘设备。

加载点必须预先在 mnt 目录下存在，例如"mount -t vfat -o codepage = 936 iocharset = gb2312 /dev/sda3 /mnt/wind"，加载完，当不再使用的时候要用 umount 命令把该设备卸载掉。

6. kill 命令

该命令可以终止不响应的进程，其基本命令格式为"kill pid"。其中，pid 是要终止的进程列表，一般每个进程对应一个进程号。在 Linux 系统中可以使用 ps 命令来查看当前的进程列表状态。

7. ps 命令

ps 命令用于查看进程状态，常用的参数主要有以下几个：

-l：长列表形式显示；

-u：用户格式，显示出用户名和开始的时间；

-a：显示其他用户的进程；

-r：只显示正在进行的进程。

ps 命令执行后的输出信息如图 2-21 所示。

8. su 命令

su 命令用于在系统中改变当前登录的用户为另外一个用户，即切换用户。

su 命令可以让用户在一个登录的 shell 中不用退出就可以改变为另一个用户，如果后面不跟参数，则 su 命令默认地将用户变成超级用户。

执行 su 命令时，程序会让用户输入口令，如果口令不正确则程序给出错误信息后退出。所有的 su 命令动作都会被记录在一个 log 文件中，以便探测是否有人在恶意地攻击系统。

切换 root 用户的操作如图 2-22 所示，前提是要有根用户的口令。

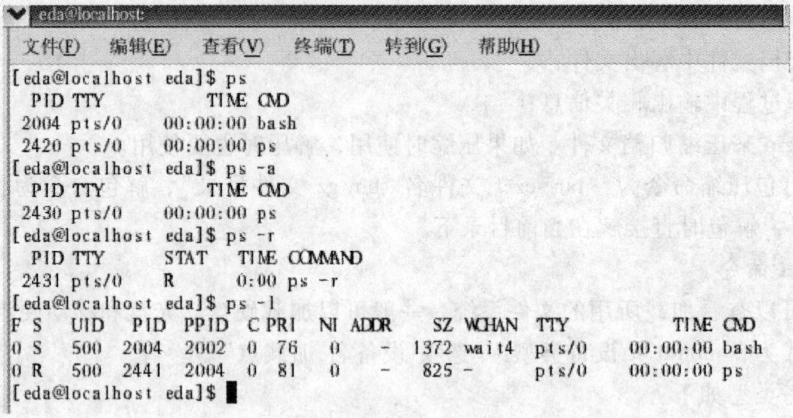

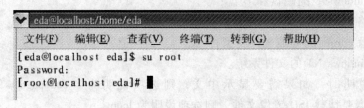

图 2-21   ps 命令执行后的输出信息

图 2-22   切换 root 用户的操作

由图 2-22 可以看出，切换 root 用户前后命令提示符不一样，而且中间要正确地输入 root 用户的口令才可以。

9. ping 命令

ping 命令主要是用于测试本机与网络上的另一台计算机的网络连接是否正确，因此在架设网络和排除网络故障时比较有用。

ping 命令主要是利用 TCP/IP 协议集合中的 ICMP 协议，向网络上的主机发送数据包，利用返回的响应情况来测试网络连接。其基本命令格式为 "ping 主机 IP 地址 | 主机名"。

10. netstat 命令

netstat 命令的功能是显示网络连接、路由表和网络接口信息，可以让用户得知目前都有哪些网络连接正在运行。其基本的命令格式如下：

netstat［参数］

命令中可以使用的参数及其含义如下：

-a：显示所有 socket，包括正在监听的；

-c：每隔 1s 就重新显示一遍，直到用户中断它；

-i：显示所有网络接口的信息；

-n：以网络 IP 地址代替名称，显示网络连接情况；

-r：显示核心路由表；

-t：显示 TCP 协议的连接情况；

-u：显示 UDP 协议的连接情况。

11. ftp 命令

ftp 命令是一个重要的指令，它可以用来传送文件，即可以从主机上上传或者下载文件，其基本命令格式如下：

　　ftp［主机名｜主机 IP 地址］

　　要启动 FTP 并连接到某一站点，通常有以下两种方式：①指定 FTP 站点的主机名或 IP 地址。②在键入 FTP 命令时不指定主机名，在 FTP 提示符后，用户输入 open 命令和主机名或主机 IP 地址，即

　　ftp

　　ftp > open 主机名｜主机 IP 地址

　　不管采用哪一种方式，如果连接成功，屏幕上会显示出很多提示信息，告诉用户站点已经连接就绪，还显示当地的时间，并且询问要登录的用户名。如果用户在远程主机上有专用的系统账号，可以使用这一账号并提供该账号的密码以登录远程主机。登录远程主机后如果要传输文件，则要视用户对文件的权限而定，这些权限限定了用户在远程主机上能下载什么文件或将文件上传到什么目录中去。

　　有些 FTP 服务器允许用户以 FTP 及 anonymous 这两个匿名账号进行匿名登录，并以用户的 E-mail 地址或 guest 作为密码。

　　当用户不管以何种账户身份登录远程主机后，在本地计算机终端上输出提示符“ftp >”，表示等待用户输入 FTP 命令。如果对 FTP 命令使用不熟悉，可以在 FTP 提示符下输入问号“?”或者“help”命令，将会列出相关的帮助。

　　其中比较常用的命令有以下几个：

　　ascii：以 ASCII 方式传输文件；

　　binary：以二进制方式传输文件；

　　get 文件名：从远程主机下载该文件；

　　put 文件名：向远程主机上传该文件；

　　close：结束目前连接，可以继续用 open 连接其他的 FTP 服务器；

　　bye：结束网络连接并推出 FTP 程序。

　　注意：在传输文件的过程中，对于文本文件必须采用 ASCII 方式传输；而对于其他的诸如图像文件、声音文件和程序文件等都要采用 binary 方式传输。

12. telnet 命令

　　telnet 命令是 TELNET 协议的客户端应用程序，主要用于通过网络登录远程主机。一旦登录成功，用户就可以像使用本地计算机一样使用远程计算机。其基本命令格式如下：

　　telnet［主机名｜主机 IP 地址［端口号］］

　　所有的 Internet 服务都有服务程序使用的默认端口号。当客户程序请求特定的服务时，必须连接到相应的端口上，如 telnet 默认使用的端口是 23，FTP 默认使用的端口是 21 等。

　　使用 telnet 登录远程系统后，会要求输入用户名和口令，输入正确的用户名和口令后就会显示命令操作符，此时就可以操作远程主机，输入的字符都直接传送到远程主机上。

13. shutdown、halt 和 poweroff 命令

　　这三个命令都是用来关闭系统的，在终端直接输入命令回车即可。注意，在不同的系统中，这三个命令执行可能需要不同的权限。有些关机命令必须有最高权限才可以执行。

2.5　文本编辑器 vi

文本编辑器是在任何一台计算机上都要用到的应用程序之一。文本编辑器不像文字处理系统或排版系统，一般只能生成不带任何排版格式的普通 ASCII 文本文件。在 Linux 系统中有多种编辑文件的方法，比较常用的有行编辑器和全屏幕编辑器。行编辑器是一次只能编辑一行，其界面也比较原始；全屏幕编辑器能在用户终端上显示正在编辑的文档的全部或部分内容应用程序。目前最常用的是文本编辑器 vi。

文本编辑器 vi 是一种全屏幕的文本编辑器，几乎每个 UNIX/Linux 系统上都有。文本编辑器 vi 与行编辑器 ex 实际是一体的，关系非常密切。文本编辑器 vi 是 ex 编辑器的可视模式或开放模式。ex 编辑器的命令在文本编辑器 vi 环境中都可以使用。

2.5.1　启动和退出

在命令行终端中可以有以下几种方法启动文本编辑器 vi：

1）vi：启动一个空的面板，编辑后要起名字保存。

2）vi filename：在文本编辑器 vi 中打开文件（新文件或已经存在的文件）。

3）vi -R filename：以只读方式打开文件。

在编辑面板中，行前有"～"表示未使用的行。

启动以后，文本编辑器 vi 默认处于命令模式。文本编辑器 vi 的基本界面如图 2-23 所示。注意，如果是以新建一个文件的方式启动文本编辑器 vi，则在文本编辑区的每一行前面有一个波浪号"～"，此波浪号表示此行为空行（空行是不包含任何字符的行，回车、换行和空格等也是字符）。

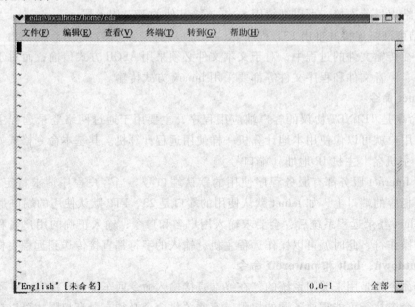

图 2-23　文本编辑器 vi 的基本界面

退出文本编辑器 vi 的方法也有很多种，想退出文本编辑器 vi 首先要保证工作在命令模式下。常用的退出文本编辑器 vi 的方式有以下两种：

1）ZZ。命令模式下直接输入 ZZ 可以保存文件并退出文本编辑器 vi。

2）在 ex 命令行模式下退出。要进入 ex 命令行模式，可输入冒号 "："，屏幕将在底行显示冒号，并且光标出现在冒号的右边，等待用户输入命令。比较常用的命令有：命令 "w" 表示保存文件，命令 "q" 表示退出，命令后面加上叹号 "！" 表示强制执行操作而不保存所做的修改。文本编辑器 vi 的退出命令见表 2-2。

表 2-2　文本编辑器 vi 的退出命令

命令	功　　能
ZZ	保存文件后立即退出
：wq	保存文件后立即退出
：q	退出，如果文件未保存，则不能退出
：q!	退出，无论文件是否保存，强制退出

2.5.2　工作模式

文本编辑器 vi 有两种工作模式：命令模式和插入模式。

命令模式使用户能够执行管理任务，如保存文件、移动光标等。在这种模式下输入的任何字符都被认为是命令。

插入模式使用户能够向文件中插入文本内容，这种模式下的所有键盘输入都是输入文本内容。

文本编辑器 vi 默认以命令模式启动。进入插入模式的命令是 i，退出插入模式是 ESC。如果不能确认是哪种工作模式，可以按两次 ESC 键以确认转换到命令模式。

2.5.3　命令模式

在命令模式下可以执行管理任务。

（1）移动光标　可以使用方向键←、↑、→、↓，分别往相应的方向移动一行或一个字符。

也可以使用四个字母键：h、k、l、j，分别为左、上、右、下移动光标。

如果想往某方向移动多行，可以用数字加命令的方式，例如，10j 就是往下移动 10 行。

在文本编辑器 vi 中，由于文本编辑器 vi 窗口的大小不同，因此要注意实际的行尾。当不易区分时，可以在文本编辑器 vi 中打开行号。在命令模式下输入：set nu，此行号不是文件的一部分。关闭行号的命令是 "set nonu"。

当文件内容比较多时，要想确定光标的具体位置，可以使用 "ctrl + G" 命令，光标的行号和列号具体数值将显示在屏幕的底部。

如果想快速地移动到某一行，可以使用 "linenumber + G" 命令。

（2）编辑内容　在插入模式下输入的文本内容难免会出现一些失误，此时就要对文本进行编辑修改。下面简单介绍常用的编辑命令。

1）x，删除光标位置的字符，同时原光标后面的字符左移一格，如果删除的字符在行尾，则删除后光标左移一格。

2）dd，删除光标所在一行的文本。

3）D，删除从光标至行尾的内容。

4）u，撤销最近的一次编辑操作。

5）U，撤销行操作；撤销光标最后一次移至该行时起执行的所有操作，一旦光标离开本行则操作对本行无效。

6）r，替换光标所在位置的单个字符，当输入命令 r 时，屏幕上看不出变化，但下一个输入的字符将替换当前光标所在位置的字符。

7）查找文本，在编辑文本的过程中，有时需要查找具有一定内容的文本，这时可以用向下查找命令"/"或向上查找命令"?"。在命令模式下，输入"/"或"?"，这时光标就移至命令行，接下来就可以键入需要查找的内容了，输入完要查找的内容后就可以按回车键，此时光标将定位在第一个查找到的文本位置处。在查找的过程中，有时要重复查找相同的内容，此时可以使用重复查找命令"//"和"??"，只执行这两个命令后就可以完成重复向下或向上查找固定的内容。另外一个重复查找的命令是"n"，此命令可以在同一方向上重复向下或向上查找。此时输入命令"N"则可以在刚才的基础上往反方向重复前一次的查找操作。

2.6　Linux 系统的管理和安全

管理员为了让自己管理范围内的系统和平台能够正常地运行，需要完成大量的工作，其中有一些工作是不会发生变化的，有时还是重复进行的。例如，从系统中获取信息，协调对系统资源的使用，安装软件和硬件，此时可以使用脚本编程的方式来进行控制。

基本的系统管理主要还是环境变量控制和 shell 的管理。

2.6.1　环境变量

1. PS1 变量

bash 有两级用户提示符（默认的第一级是"$"，根用户是"#"，第二级是"＞"），环境变量 PS1 可以控制第一级命令提示符（Command Prompt），或光标前的字符串，PS2 可以控制第二级命令提示符。有时希望该命令提示符能够包含用户所希望的任何内容，此时就要使用适当的值来定义环境变量 PS1。

例如 PS1 = "［\ u@ \ h \ W］\ $"，注意，此处的双引号必须要加，如果不加将会出现一些提示，但有些时候双引号也不是必须的。

PS1 命令后面可以加一些参数以实现转义的功能，常用的环境变量参数转义功能见表 2-3。

环境变量参数用户可以根据自己的喜好进行修改。

结合表 2-3 中的环境变量参数功能进行实际操作，修改环境变量 PS1 的执行结果如图 2-24 所示。

由图 2-24 可以看出，最开始的命令提示符为"［eda@ localhost eda］$"。执行第 2 行的命令 PS1 = "［\ u@ \ w \ t］\ $"后，提示符变为"［eda@ ~ 10：02：07］$"，如果执行第 3 行的不加双引号的命令，将会给出第 4 行的错误提示，继续执行第 5 行的命令，也不加双引号，则没有给出错误的提示。大家注意第 3 行和第 5 行命令的区别，第 3 行的命令有表 2-3 中给出的环境变量参数，而第 5 行的命令仅仅是一串普通的字符串。因此在使用环境变量参数时要加双引号。注意，对于第 5 行的命令，如果是一串普通字符串，加双引号与不加双引号是一样的效果，如图 2-24 中的第 7 行命令和第 8 行的执行效果。

表 2-3　环境变量参数转义功能

参数转义	功　　能
\ t	当前的时间，表示成 hh：mm：ss
\ d	当前的日期，表示成星期、月、日
\ n	换行
\ s	当前的 shell 环境
\ w	当前工作目录的路径
\ W	当前工作目录的名字
\ u	当前用户的用户名
\ h	当前机器的主机名
\ #	当前命令的命令号
\ $	如果以根用户登录，提示符为#，否则为$

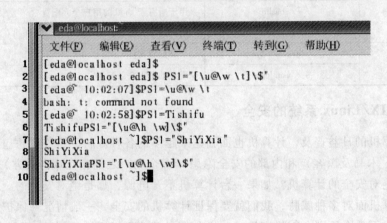

图 2-24　修改环境变量 PS1 的执行结果

2. PATH 环境变量

PATH 环境变量包含一组目录，如果 PATH 环境变量中包含某个目录，那么调用该目录中的可执行文件时就不用输入目录名。

PATH 变量通常在一个配置文件（例如/etc/profile）中设置，具有全局意义。很多软件在安装的过程中会自动把自己的工作目录加入到 PATH 环境变量中。

例如 "PATH = $PATH：/home/user1 ：/home/user2"。

当需要加多个目录时，以分号隔离开。

3. shell

目前常用的 shell 前面已经讲过几个，在实际使用 Linux 系统的过程中可以使用命令调用不同的 shell，常用 shell 的调用命令见表 2-4。

表 2-4 常用 shell 的调用命令

shell 名称	调用命令
bourne shell	sh
ash shell	ash
bourne again shell	bash
korn shell	ksh
z shell	zsh
c shell	csh（tcsh）

用户根据自己的个人需要，可以选择使用其中的某一种 shell，但有时还想对 shell 的一些环境变量进行设置，此时可以通过修改相关的文件来进行配置。shell 的部分配置文件列表见表 2-5。

表 2-5 shell 的部分配置文件列表

shell	配置文件	功能
bash	/etc/bashrc	全局配置
	/etc/profile	用户登录 shell 的全局配置
	~/. bash_ profile	用户登录 shell 的用户个人配置
	~/. bashrc	用于所有子 shell 的用户个人配置
	~/. profile	用户的个人配置，用于所有登录的 shell
csh（tcsh）	/etc/csh. cshrc	全局配置文件
	~/. csh. login	用户的个人登录配置

2.6.2 UNIX/Linux 系统的安全

随着计算机的日益普及，计算机也面临越来越多的各种威胁，这些威胁包括外部的恶意攻击（病毒、木马及黑客）和内部的安全隐患（多个用户之间相互攻击对方）。

有没有绝对安全的计算机？如果一台计算机不开电源，那是绝对安全的。

既然计算机面对多种威胁，我们就要保证计算机的安全，一般情况下保护计算机的信息系统安全有以下几个原则：①机密性——必须阻止那些不需要知道的人了解信息（私有信息的保密性）。②完整性——信息必须避免未经授权的修改或污染。③可用性——对需要访问信息的用户，信息是可以访问的。

1. 资产保护价值

用户使用计算机的过程中，有些信息是需要保护的。此时，用户要知道自己需要保护的信息内容。保护系统免受攻击所花费的代价（时间、金钱和努力等）应该基于与硬件、软件和信息的损失相关联的代价。如果受到攻击后损失 1000 元，而保护系统就需要 5000 元，那没有哪个用户愿意浪费那么多钱。因此首先需要知道所保护的系统的资产价值。

一般意义上的资产包括硬件、数据、服务等。

2. 保护系统

（1）口令的安全性 第一道关卡是口令。那我们需要设置一个什么样的口令？别人无法知道就行，因此设置口令时要包含各种字符。

但口令太长，有时自己也记不住，甚至会忘记。有人就直接拿自己的生日、电话等作为口令，这样很容易就会被熟悉自己的人破解。因此在设置口令的时候可以考虑进行"加密"。

目前破解口令的常用方法是暴力破解，即用枚举的方法，把所有可能的口令都验证一遍。

（2）完善程序　任何程序在编写的过程中都会存在漏洞，黑客攻击系统有时会利用系统的漏洞，因此要不定期地关心系统的漏洞补丁，及时进行更新完善。

（3）设置防火墙　多数系统都有自己的防火墙，可以有选择地限制对系统的访问，以防止一些恶意程序攻击系统。

（4）文件保护　对自己比较重要的文件可以设置访问和修改口令，即使自己的系统被破解，文件的内容也不会轻易丢失，这样可以在一定程度上起到保护文件信息的作用。

保护系统关键在于自己平时的精心呵护！

小　结

本章首先介绍了 UNIX/linux 系统的基本发展过程及分支；然后介绍了系统的安装及启动内容；其次讲解了 UNIX/linux 系统用户的知识；随后重点讲解了各种命令的基本使用语法及操作，并详细介绍了文本编辑器 vi 的基本操作和使用；最后简单介绍了 UNIX/linux 系统的环境变量设置和系统安全维护的知识。

习　题

2.1　简述 UNIX 系统的分支。

2.2　简述操作系统的主要组成部分。

2.3　简述 UNIX/Linux 系统内核管理内存的方式。

2.4　简述系统冷启动的基本过程。

2.5　简述 Linux 系统的用户类别。

2.6　简述 Linux 系统的 UID 范围。

2.7　简述绝对路径和相对路径的区别。

2.8　简述文本编辑器 vi 的两种工作模式。

2.9　简述保护 UNIX/Linux 系统安全的基本原则。

第 3 章　工艺与元器件

教学目标
- 了解集成电路工艺的分类。
- 掌握 CMOS 集成电路的基本工艺流程。
- 了解集成电路中常用的元器件。
- 掌握 MOS 晶体管的基本结构、原理和特性。
- 了解工艺模拟和器件模拟的概念。

3.1　集成电路制造工艺

3.1.1　集成电路制造工艺简介

根据集成电路的分类，集成电路制造技术可以分为双极型集成电路工艺和 MOS 型集成电路工艺。

双极型集成电路的基本制造工艺可以粗略地分为以下两类：

1）在元器件间要做电隔离区。隔离的方法有很多种，如 PN 结隔离、全介质隔离和 PN 结-介质混合隔离，线性/ECL、TTL/DTL 和 STTL 电路采用这种工艺。

2）元器件间自然隔离，I^2L 电路采用这种工艺。

MOS 型集成电路的制造工艺根据其有源器件导电沟道的不同，可以分为 NMOS 集成电路制造工艺、PMOS 集成电路制造工艺和 CMOS 集成电路制造工艺。MOS 型集成电路的制造工艺又可以根据栅极的不同分为铝栅工艺（栅电极为铝）和硅栅工艺〔栅电极为多晶格的硅（简称多晶硅）〕。

随着数-模混合集成电路的迅速发展，Bi-CMOS 工艺变得越来越重要，Bi-CMOS 工艺是把双极器件和 CMOS 器件同时制作在同一个芯片上，它综合了双极器件高跨导、强负载驱动能力和 CMOS 器件高集成度、低功耗的优点。目前，Bi-CMOS 工艺可以分为两类：一类是以 CMOS 工艺为基础的 Bi-CMOS 工艺，其中包括 P 阱 Bi-CMOS 工艺和 N 阱 Bi-CMOS 工艺；另一类是以标准双极工艺为基础的 Bi-CMOS 工艺，其中包括 P 阱 Bi-CMOS 工艺和双阱 Bi-CMOS 工艺。影响 Bi-CMOS 器件性能的主要是双极部分，因此以双极工艺为基础的 Bi-CMOS 工艺用得比较多。

3.1.2　CMOS 反相器制造过程

CMOS 集成电路是互补 MOS 集成电路，由于 CMOS 集成电路具有低的静态功耗、宽的电压范围、宽的电压输出幅度和高的速度，因此应用广泛。

CMOS 集成电路是以 PMOS 晶体管作为负载器件，NMOS 晶体管作为驱动器件，这就要求在同一个衬底上制造 PMOS 和 NMOS 晶体管，因此制造过程中必须把一种晶体管做在衬底上，另一种晶体管做在阱中。根据阱的导电类型，CMOS 集成电路制造工艺又可以分为 P 阱 CMOS、N 阱 CMOS 和双阱 CMOS 工艺。

本书以 N 阱 CMOS 工艺为例讲解 CMOS 反相器的工艺流程。

CMOS 反相器的截面图（有阱和衬底连接）如图 3-1 所示。

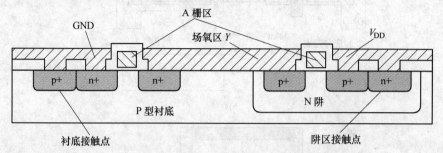

图 3-1　CMOS 反相器的截面图（有阱和衬底连接）

1. CMOS 反相器的版图

制造一个基本的 CMOS 反相器至少需要六块掩膜版：N 阱、多晶硅、n^+ 扩散区、p^+ 扩散区、接触孔和金属线（由于制造工艺的原因，实际的掩膜结构可能不太一样）。掩膜版的图形决定了芯片中元器件的位置、形状和大小，简单的 CMOS 反相器的掩膜版分层图如图 3-2 所示。

2. CMOS 工艺流程

集成电路制造的工艺主要包括清洗、氧化、光刻、掺杂和蒸铝等几个工艺，整个工艺流程主要由这几部分重复操作实现。

（1）N 阱的形成　在裸露的 P 型硅片上制作 N 阱，然后才可以在 N 阱中制造 PMOS 晶体管。N 阱的制作流程如图 3-3 所示。具体过程如下，首先在整个硅片上生长氧化层，然后通过光刻工艺将需要形成阱的区域光刻掉（即去掉此处的氧化层），最后通过掺杂工艺再掺入 N 型杂质，形成所谓的 N 型阱区。

氧化过程在高温氧化炉中进行，氧化温度一般为 900～1200℃，在硅片的表面形成 SiO_2 层，如图 3-3b 所示；接着进行光刻，先在氧化完的硅片表面涂一层光刻胶（有正胶和负胶之分），如图 3-3c 所示；涂胶后把硅片放在烘炉中进行前烘，前烘后拿到光刻机上进行曝光，光刻掩膜版只允许部分图形透过光线，曝光后再坚膜一段时间，就可以进行显影，即把需要露出氧化层位置的光刻胶去掉，露出形成 N 阱区域的氧化层，如图 3-3d 所示；接着用腐蚀液把没有受保护的氧化层腐蚀掉，露出里面的硅片，如图 3-3e 所示；腐蚀掉部分 SiO_2 层后用特定的配比溶液再腐蚀掉余下的光刻胶，如图 3-3f 所示；清洗后可以进行掺杂，一般可以用离子注入法（Ion Implantation）或扩散法（Diffusion）进行掺杂，掺杂后如图 3-3g 所示；最后可以再次用氢氟酸腐蚀的方法把其他的 SiO_2 层腐蚀掉，如图 3-3h 所示。这样就得到有 N 阱的 P 型硅片，可以在 N 阱上面做 PMOS 晶体管和其他一些元件。

（2）元器件的制作　接下来就可以制作晶体管的栅极了。制作多晶硅和 N 型有源区的截面图如图 3-4 所示。栅极是由栅氧上面多晶格的硅构成。将硅片放在充有硅烷（SiH_4）的气体反应堆中，通过化学气相淀积（Chemical Vapor Deposition，CVD）的工艺再次加热生长多晶硅层，如图 3-4a 所示；接下来就要进行光刻保留硅栅对应的多晶硅图形，如图 3-4b 所

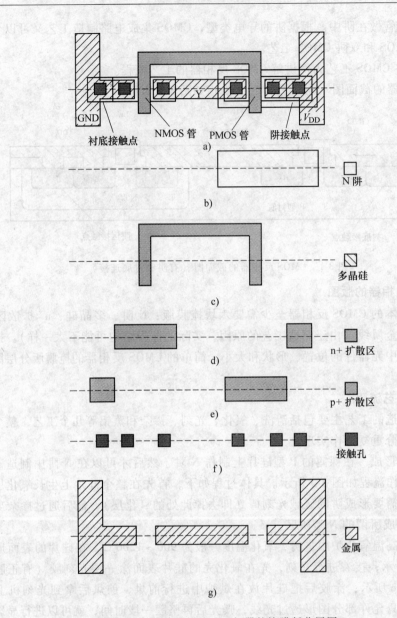

GND　　衬底接触点　　NMOS 管　　PMOS 管　　阱接触点　　V_{DD}

a)

N 阱

b)

多晶硅

c)

n+ 扩散区

d)

p+ 扩散区

e)

接触孔

f)

金属

g)

图 3-2　简单的 CMOS 反相器的掩膜版分层图

示；然后要在硅片的表面全部形成一层保护氧化层，以进行下面的工艺，如图 3-4c 所示；形成氧化层后进行下一步光刻，利用 n^+ 区光刻版，在硅片表面光刻出 n^+ 区扩散的图形，如图 3-4d 所示；利用离子注入工艺可以形成 n^+ 区，如图 3-4e 所示；由于多晶硅栅屏蔽了离子注入形成的杂质扩散，因此源极和漏极就被栅极下方的沟道隔开，这种工艺被称为自对准（Self-Aligned）工艺，因为晶体管的源极和漏极是在栅极附近的两侧自动形成的，不需要精密地调整掩膜版的位置；最后刻蚀掉起保护作用的氧化层，如图 3-4f 所示。

　　采用 P^+ 扩散区掩膜版、接触孔掩膜版和金属掩膜版重复上述步骤，就可以得到 P 型有源区、接触孔和金属连线的截面图，制作 P 型有源区、接触孔和金属连线的截面图如图 3-5 所示。图 3-5a 是 p 区扩散后的界面示意图，可以看到源极和漏极对应的 p^+ 扩散区也是通过自对准工艺形成的；图 3-5b 是接触孔对应的截面图，通过接触孔掩膜版利用光刻得到的，光刻前氧化形成的氧化层被称为场氧，能够将硅片与金属绝缘隔开；图 3-5c 是金属连线的截面图，利用金属掩膜版通过光刻工艺得到的，首先在表面全部溅射一层金属，然后利用等离子刻蚀法去掉那些不应该保留连线的地方。简化的工艺流程就基本完成了。

由以上的工艺过程可以总结出简化的 N 阱 CMOS 反相器的工艺流程如下：

①做 N 阱：硅片准备→一次氧化→一次光刻→一次扩散。②做栅：二次氧化（薄）→CVD 淀积多晶硅→二次光刻。③做 N 型有源区：三次氧化→三次光刻→离子注入。④做 P 型有源区：四次氧化→四次光刻→离子注入。⑤做接触孔：五次氧化→五次光刻。⑥蒸铝。⑦反刻铝。⑧后续工艺。

3. 其他的 CMOS 工艺

在硅片衬底上制作器件的工艺统称为体硅 CMOS 工艺，此外还有 SOS-

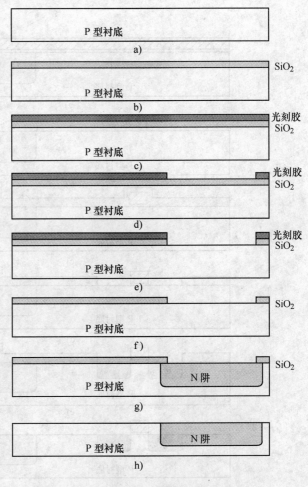

图 3-3　N 阱的制作流程

CMOS 工艺（蓝宝石上外延硅膜）、SOI-CMOS 工艺（绝缘体上生长硅单晶薄膜），它们从根本上消除了体硅 CMOS 工艺固有的寄生闩锁效应，而且由于元器件之间是空气隔离，有利于高密度集成，结电容和寄生电容小，速度快，抗辐照性能好。但这些工艺成本高，硅膜质量不如体硅，只有在一些特殊的场合下使用，例如军事和航空。

3.1.3　工艺模拟

不管哪一种集成电路工艺，在生产制造芯片的过程中，必须要非常清楚工艺对元器件或电路的性能影响，很多工艺都存在各种寄生效应。特别是在正式流片之前，一定要预先了解工艺对元器件的性能影响，此时就要用到工艺模拟。工艺模拟就是用软件（工艺模拟器）和对应的数学模型来表达实际的物理过程。

工艺模拟通过运行 IC 工艺模拟器来实现。IC 工艺模拟器由 IC 工艺模拟软件及能运行该软件的具有一定容量和速度的计算机组成。工艺模拟器大致可以分为三类：第一类是用来模拟离子注入、扩散和氧化等以模拟掺杂分布为主的狭义的 IC 工艺模拟软件；第二类是用来模拟刻蚀、淀积等工艺的 IC 形貌模拟软件；第三类是用来模拟衬底材料参数及制造工艺条件参数的扰动对工艺结果影响的 IC 工艺统计模拟软件。

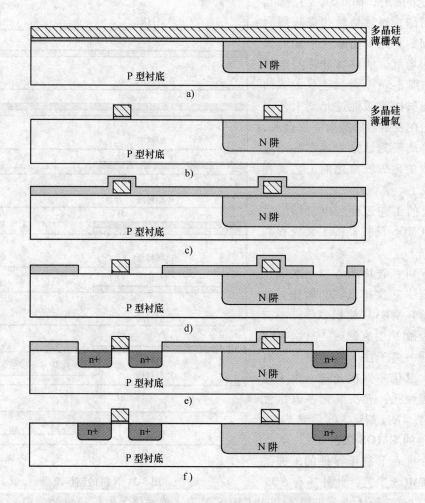

图 3-4　制作多晶硅和 N 型有源区的截面图

　　工艺模拟软件可用于模拟制造 IC 的全工序，也可用来模拟单类工艺或单项工艺。IC 工艺模拟有优化设计 IC 制造工艺及快速分析工艺条件对工艺结果的影响等功能，也是模拟 IC 制造的重要组成部分。

　　目前比较常用的 CAD 系统主要由以下四家公司提供：Synopsys、Silvaco、Taurus 和 ISE。比较早期的工艺模拟器是 Taurus 公司的 TSUPREM4，现在 Taurus 公司已经被 Synopsys 公司收购。Synopsys 公司在收购 Taurus 和 ISE 公司后开发出新的工艺模拟器是 Process 工艺模拟器，可以对 IC 生产工艺进行优化以缩短产品开发周期。Process 工艺模拟器是一个全面的且高度灵活的一维、二维和三维工艺模拟工具，拥有快速准确的刻蚀与参杂模拟模型，由基于 Crystal-TRIM 的蒙特卡罗（Monte Carlo）离子注入模型、先进的离子注入校准表、离子注入分析和损坏模型以及先进的扩散模型组成。Silvaco 公司的工艺模拟器是 Athena，也是目前比较常用的工艺模拟器之一，能帮助工艺开发工程师开发和优化集成电路制造工艺。Athena 提供一个易于使用、模块化和可扩展的平台，可用于模拟离子注入、扩散、刻蚀、淀积及氧化等工艺。

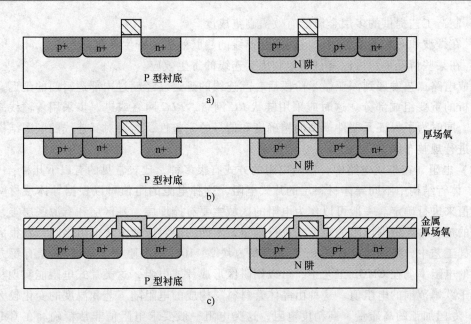

图 3-5　制作 P 型有源区、接触孔和金属连线的截面图

3.2　元器件基础

电路是由元器件组成的，不同的电路对应有不同的元器件。不同的元器件有不同的参数与特性，因此不同类元器件组成的电路也具有不同的特性和参数。下面我们来了解常用的元器件及其模型参数。

3.2.1　元器件

元器件在集成电路中扮演着重要的角色，根据集成电路的不同，对应的元器件也有所不同，比较常见的元器件主要包括无源元件和有源器件，无源元件一般主要包括电阻、电容和电感，有源器件主要包括二极管、双极型晶体管和 MOS 晶体管等。

不管在哪一种集成电路中，一般情况下都同时包括无源元件和有源器件。

1. 无源元件

无源元件一般主要包括互连线、电阻、电容和电感等。

（1）互连线　互连线是各种集成电路的基本元件，互连线的版图设计是集成电路设计中的基本任务。在混合集成电路和单片集成电路的衬底上，互连线大部分是由金属薄层形成的条带。不同衬底上的电路互连线可能用到金属裸线或电缆。对于各种互连线设计，应该注意到以下几个问题：

1）为了减少信号或电源引起的损耗，以及为了减小芯片面积，大多数互连线应该尽量短。实际上，版图设计中只要对那些传输高频信号的互连线按照最小长度布线就可以。

2）为了提高集成度，在传输电流非常微弱时，大多数互连线应以制造工艺所能提供的最小宽度来布线。

3）在互连线传输大电流时，应估计电流容量并保留足够的余量。

4）制造工艺提供的多层金属能有效提高集成度。

5）在微波和毫米波范围内，应注意互连线的趋肤效应和寄生参数。

6）在某些情况下，可以有目的地利用互连线的寄生效应。

集成电路工艺发展到深亚微米阶段后，互连线的延迟已经超过内部逻辑门的延迟，成为时序分析的重要组成部分。这时应采用链状 RC 网络、RLC 网络或进一步采用传输线来模拟互连线。同时为了保证元器件模型的精确度和信号的完整性，需要对互连线的版图结构加以约束并进行规整布线。

（2）电阻　在集成电路中，制造电阻的方式有很多种，比较常见的有以下几种：

1）体管结构中不同导体材料层的片式电阻，这种电阻的阻值可以根据导体层材料的方块电阻值来进行确定。一般可以作为电阻的区域主要有掩埋层、基区层和有源区层等，具体在设计的过程中要根据电阻的阻值来进行确定，不同的层对应的方块电阻之间差别很大。在双极型硅工艺中，掩埋集电极的 n^+ 层具有每方块 $2 \sim 10\Omega$ 的电阻率，基极 p^- 层有每方块几千欧姆的电阻率。在 CMOS 工艺中，可以用阱区形成片式电阻，这类片式电阻能实现从 10Ω 到十几千欧姆范围的电阻值。这种由晶体管材料层构成的电阻随工艺和温度的变化较大。

2）专门加工的高质量、高精度电阻，这类电阻一般要求电阻值非常精确。在 CMOS 工艺中，通常采用多晶硅层形成薄膜电阻。

3）用互连线（金属线）实现的电阻是阻值相对较低的电阻，在高频电路中，必须要考虑电阻的寄生参数。任何电阻只能承受有限的功耗，在给定的工艺中，工艺数据会给出每种电阻单位面积允许的最大功耗，根据这些数据可以决定每个电阻的最小宽度。

4）有源电阻，所谓有源电阻是指采用晶体管进行适当的连接并使其工作在一定的状态时所对应的电阻，利用其直流导通电阻和交流电阻作为电路中的电阻元件使用。双极型晶体管和 MOS 晶体管都可以作为有源电阻使用。以 NMOS 晶体管为例，连接 NMOS 晶体管的栅极和漏极，只要 NMOS 晶体管的 V_{GS} 大于其阈值电压，将使导通的 NMOS 晶体管始终工作在饱和区，此时的 NMOS 晶体管就可以等效为一个电阻。

在集成电路中，比较常用的电阻是体管结构中不同导体材料层的片式电阻，其电阻的阻值主要由方块电阻 $R_\square$ 来决定。对于一个长度为 L，宽度为 W 的半导体材料，其电阻值为

$$R = (\rho/d) \; L/W = R_\square L/W \tag{3-1}$$

式中，ρ 为电阻率；d 为厚度。

当半导体层材料层的长度和宽度相等时，即 $W = L$，其阻值大小就是一个方块电阻的值，方块电阻与此正方形的边长大小无关，即与 W 和 L 的值无关，只与半导体材料的工艺参数有关。对于集成电路来说，方块电阻是电阻的基本组成单元，其量纲为 $\Omega/\square$。我们在应用方块电阻进行计算时不用考虑半导体材料的厚度，因为厚度是由工艺厂家的工艺参数所决定，我们只需要考虑此半导体材料层电阻的平面尺寸，即长度 L 和宽度 W。

一般情况下，半导体材料层电阻的阻值可以根据方块电阻和面积对应的方块数进行计算，例如，考虑一个由 4 个方块组成的电阻 R_1，如果方块电阻值为 $R_\square = 5\mathrm{k}\Omega/\square$，那么该电阻 R_1 对应的电阻值为

电阻值 $R_1 =$ 方块电阻值 × 方块数，即 $R_1 = R_\square \times n = 5\mathrm{k}\Omega/\square \times 4\square = 20\mathrm{k}\Omega$。

但在实际的版图中，这样的计算不是很精确，因为在实际的版图中，常常会有弯折的电阻版图和连接金属线的电阻版图，这样的电阻在计算其阻值的过程中要充分考虑拐角处的电

阻和两端的电阻，一般情况下要进行电阻值的修正。对于不同的工艺，其修正因子一般不同，但工艺厂家一般都会把电阻的修正计算公式提供给设计者。

另外，半导体材料的电阻值还会随着温度的变换而变化，一般情况下为温度的多项式函数，同样，对于不同的制作工艺线，其电阻值受温度的影响也不尽相同，即温度影响系数不尽相同。

在真正设计半导体材料电阻的过程中，一定要仔细阅读工艺厂家提供的相关资料。

在电阻版图设计的过程中，电阻版图的布局依据是一般电阻采用窄条结构，高精度电阻采用宽条结构，小电阻采用直条结构，大电阻采用弯折结构。不同要求下的电阻版图示意图如图 3-6 所示。

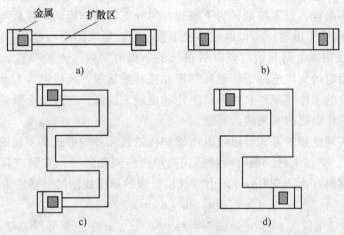

图 3-6　不同要求下的电阻版图示意图

在电阻匹配要求比较高的电路中，比如差分放大器、带隙基准电路等电路中，要求两个电阻的阻值要精确匹配，不但包括电阻值，还要包括其他参数对电阻的影响也要一致，例如，温度对两个电阻的影响也要一致。此时就要考虑用特殊的方式来实现电阻版图。比较常用的方式主要包括增加伪器件、采用标准电阻和交叉结构等。所谓伪器件即是没有电学连接，只是为了保证所用电阻的周围有相同的环境，而刻意添加上去的区域。

（3）电容　电容是集成电路中最基本的无源元件之一，在电源滤波电路、信号滤波电路和开关电路中经常用到。集成电路中的电容一般都是平板电容，但电容一般用在高速集成电路中，普通集成电路考虑到成本问题，一般不会集成电容在芯片中。在高速集成电路中，实现电容的方法也有很多种，比较常见的包括：①利用二极管和晶体管的结电容。②利用插指金属结构。③利用金属-绝缘体-金属结构。④利用多晶硅/金属-绝缘体-多晶硅结构。

1）MOS 栅电容。在 CMOS 工艺中，用来制造 MOS 晶体管的栅氧化层也可以用于制造电容。电容的上极板由掺杂的多晶硅组成。电容的下极板由扩散区组成，对于 NMOS 晶体管为轻掺杂的衬底，对于 PMOS 晶体管为 N 阱。这种元件的电容率一般为 $0.5 \sim 1.5 \mathrm{fF}/\mu \mathrm{m}^2$，典型的电容容差可达 $\pm 20\%$。如果不能对电容的两极板保持足够的偏置，则电容值将会显著下降，所以一般使用时将使该晶体管工作在积累区，即将 NMOS 的源漏作为一极接在电源处，同样将 PMOS 的源漏作为一极接在 GND 处。

2）双层多晶硅电容。双层多晶硅电容是指使用双层多晶硅作为电极（也可以用金属作为其中一极），中间以氧化物作介质的电容，通常是多晶硅-二氧化硅-多晶硅结构，由于做这种电容需要两次多晶硅工艺，所以比单次多晶硅工艺要多几道工序。要注意，双多晶硅电容是做在场氧层上的，电容的上下极通过场氧层与其他器件及衬底隔开，是个寄生参数很小的固定电容。只要能精确控制所生长的氧化层介质的质量和厚度，就可以得到精确的电容值，其单位电容的典型值为 $0.3 \sim 0.4 \mathrm{fF}/\mu\mathrm{m}^2$。此数值较小是因为其二氧化硅的厚度比栅氧层要大些。

3）多晶硅＋掺杂区电容。这是一种以金属或重掺杂的多晶硅作为上极板，栅氧化层为介质，重掺杂区为下极板形成的电容，这是单层多晶硅工艺中常用的电容制作方法。先在下极板区域进行掺杂，这是为做电容专门增加的一次工艺，然后用常规工艺生长栅氧化层和淀积作为上电极的多晶硅，以重掺杂区为下极板。另外，这类电容的下极板与衬底之间会有比较大（约20%）的寄生电容，所以电容精度不高，用在要求不高的电路中。

（4）电感　在集成电路开始出现以后很长的一段时间内，人们一直认为电感不能集成在芯片上，由于当时的集成电路工作最高频率在兆赫数量级，所以芯片上金属线的电感效应非常小。现在芯片的工作频率越来越大，工作速度越来越高，芯片上金属结构的电感效应越来越明显，使得芯片电感的实现成为可能。

比较常见的实现电感的方式是以集总电感和传输线元件的形式来实现的。

1）集总电感。集总电感一般有两种形式：单匝线圈和圆形、方形或其他螺旋形多匝线圈。假定衬底足够厚（大于 $200\mu\mathrm{m}$），由空气桥组成的单匝线圈的电感值为

$$L = 1.26a\ \left[\ln\ (8\pi a/w)\ -2\right] \tag{3-2}$$

式中，L 是电感值，单位为 pH；a 是线圈半径，单位为 $\mu\mathrm{m}$；w 是导线宽度，单位为 $\mu\mathrm{m}$。

螺旋形多匝线圈可以做到更高的电感值，由空气桥组成的多匝线圈的电感值为

$$L = \frac{(r_{\mathrm{o}} + r_{\mathrm{i}})^2 N^2}{25.4\ (60r_{\mathrm{o}} - 28r_{\mathrm{i}})} \tag{3-3}$$

式中，L 是电感值，单位为 pH；r_{o} 为螺旋的外半径，单位为 $\mu\mathrm{m}$；r_{i} 为螺旋的内半径，单位为 $\mu\mathrm{m}$；N 为匝数。

电感的电阻可以采用与互连线电阻相同的计算方法进行计算，但在电路的工作频率超过2GHz 时必须要考虑趋肤效应。所谓趋肤效应即是对于导体中的交流电流，靠近导体表面处的电流密度大于导体内部电流密度的现象。随着电流频率的提高，趋肤效应使导体的电阻增大，电感减小。

2）传输线元件。还有一种方法可以实现电感，即采用长度 $l < \lambda/4$（λ 为波长）的短传输线或使用长度在 $\lambda/4 < l < \lambda/2$ 范围内的开路传输线。采用这种方式的电感其电感值可以精确地进行计算，基本的电感计算公式为

$$L = \frac{2\pi Z_0}{\omega}\tanh\beta l' \approx \left\{Z_0 2\pi l'/c_0\right\}_{l' \ll \lambda/4} \tag{3-4}$$

式中，Z_0 为传输线的特征阻抗；l' 为传输线元件长度；c_0 为光速；β 为波的传播相位。

此外，还可以用一小段高阻抗金属线实现很小的电感值的双端口电感。

通常键合线的电感是无用的寄生参数，有时也可以用它们来提高高频电路的性能。

上海某公司的技术文件说明了制作集成电路中电感的一种方法，其基本步骤如下：

1）在介质层上淀积一层金属。

2）采用光刻工艺定义出电感的图形。

3）进行金属层刻蚀，去除光刻胶，形成金属线圈。

4）接着淀积介质层，并在介质层上形成通孔。

5）填充通孔的填充金属。

6）重复步骤1）至步骤5）以增加电感的层数，直到形成最后一层金属线圈。

集成电路中的电感，包含多层相互平行的金属线圈，相邻金属线圈通过连接接触孔相连接。利用上述制作步骤制作的集成电路电感包括多层金属线圈，增强了电感的磁场强度。

2. 有源器件

（1）二极管　二极管是集成电路中比较常用的一种器件，特别是在双极型集成电路中。二极管的基本结构是一个 PN 结，在 PN 结结构的左右两面加上欧姆接触（欧姆接触是指电极之间形成线性电阻的接触）的电极就得到一个普通的二极管（注意，在有些书中，二极管归于无源器件）。普通 PN 结二极管的基本结构和符号如图 3-7 所示。

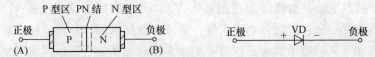

图 3-7　普通 PN 结二极管的基本结构和符号

根据半导体物理的知识，可以得到结型半导体二极管的电流方程为

$$I_D = I_S(e^{qV_D/kT} - 1) \tag{3-5}$$

式中，I_D 为二极管的电流；I_S 为二极管的反相饱和电流；q 为电子电荷数；V_D 为二极管外加的电压。电流方向定义：P 电极为正端，N 电极为负端。

除了普通的半导体 PN 结二极管之外，还有一种肖特基结二极管，肖特基结二极管是由金属与掺杂半导体接触形成的二极管。金属与半导体在交界处形成阻挡层，处于平衡态的阻挡层对外电路成电中性。以 N 型半导体与金属形成的肖特基二极管为例，当在金属端外加正电压时，从半导体到金属的电子数超过从金属到半导体的电子数，平衡被打破，形成一股从金属到半导体的正向电流，该电流由半导体的多数载流子构成。当加反向电压时，从半导体到金属的电子数目减少，金属到半导体的电子数目增加，形成从半导体到金属的反向电流。由于从金属到半导体的电子数目基本是恒定的，因此当反向电压增加时，半导体到金属的电子流可以忽略不计，反向电流将趋于饱和。

（2）双极型晶体管　在半导体中形成两个很近的 PN 结即可构成最基本的双极型晶体管。这两个 PN 结将半导体分成三个区域，它们的排列顺序可以是 N-P-N 或 P-N-P，分别对应着 NPN 型晶体管和 PNP 型晶体管。双极型晶体管的结构与符号图如图 3-8 所示。

结构图中的三个区域从上往下分别为发射区、基区和集电区，对应引出的电极分别为发射极 E、基极 B 和集电极 C。E-B 之间的 PN 结称为发射结，C-B 之间的 PN 结称为集电结。

由于双极型晶体管有两个 PN 结，所以对应不同的工作电压有 4 种不同的工作状态：

1）发射结正偏，集电结反偏，为放大工作状态。

2）发射结正偏，集电结正偏，为饱和工作状态。

3）发射结反偏，集电结反偏，为截止工作状态。

4）发射结反偏，集电结正偏，为反向工作状态。

在由双极型晶体管组成的集成电路（简称双极型集成电路）中，由于元器件之间需要相互隔离及连接，因此其结构和单个双极型晶体管的结构有所不同。一般情况下，双极型集成电路的集电极是从管芯的上表面引出的，并且在N型集电区的下面专门制作一个 n^+ 隐埋层，以减小集电极的串联电阻。

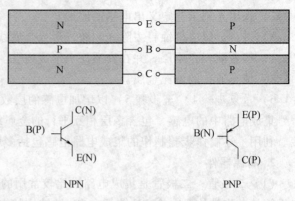

图 3-8   双极型晶体管的结构与符号图

在双极型集成电路中双极型晶体管的基本功能是对电流、电压或功率进行放大，因此主要应用其放大工作状态。而在脉冲与数字电路中主要应用其饱和工作状态和截止工作状态，可以看做一个开关电路。

在放大工作状态下，发射结外加正偏电压 V_{BE}，集电结外加反偏电压 V_{BC}，由于发射结正偏，使发射结宽度变窄，扩散运动占优势。重掺杂发射区的大量电子注入到基区，形成电子电流 I_E。注入到基区的电子成为基区的非平衡少数载流子，将继续向集电结方向扩散。在扩散的过程中，有少数的电子与基区中的多子空穴复合，形成基极复合电流 I_B，大部分电子到达集电结的边界，并在集电结的电场作用下，漂移到集电区形成集电极电流 I_C。双极型晶体管的放大作用就用正向电流放大倍数 β_F 来描述，其基本定义为

$$\beta_F = I_C / I_B \tag{3-6}$$

注意：当双极型晶体管处于反向工作状态时，从原理上来讲与工作于放大状态没有本质上的不同，但由于双极型晶体管的实际结构不对称，特别是在集成电路中，其发射区嵌套在基区内，基区又嵌套在集电区内，发射结比集电结小很多，因此反向电流放大倍数也要小很多，故反向工作状态基本不会出现在集成电路中。

（3）MOS 晶体管   MOS（Metal-Oxide-Semiconductor，MOS）晶体管是一种将金属、氧化物和半导体叠加在一起形成的器件。MOS 晶体管根据导电沟道的不同又可以分为 NMOS 晶体管和 PMOS 晶体管，根据沟道的有无可以分为增强型 MOS 晶体管和耗尽型 MOS 晶体管，本书中的晶体管，如果没有特殊说明，都是指增强型晶体管。MOS 晶体管是基于电场工作的，因此又称为金属氧化物半导体场效应晶体管（Mteal Oxide Semiconductor Field Effect Transistor，MOSFET），NMOS 晶体管和 PMOS 晶体管及其符号如图 3-9 所示。

每个 MOSFET 都由导电的金属、二氧化硅绝缘层和硅片组成，都包括栅极（Gate，导电的金属，一般是铝）、漏极（Drain，扩散区）、源极（Source，扩散区）和体极（Bulk），而且源极和漏极可以互换（当没有连接在电路中的时候，源极和漏极在结构上是互相等价的）。

栅极是输入控制端，因此说 MOS 晶体管是电压控制器件，栅极能够影响源极和漏极之间的电流流动。对于 NMOS 晶体管来说，其衬底一般接地，所以源极和漏极对衬底之间的 PN 结是反偏的。

如果 N 沟 MOS 晶体管的栅极接地，即接低电平，那么两个反偏的 PN 结之间没有电流流过，这时 MOS 晶体管是不工作的，称该 MOS 晶体管关断（OFF）。如果升高栅极电压，那么就可以形成电场，开始吸引准自由电子聚积到 Si-SiO$_2$ 的界面下方。如果栅极电压增大

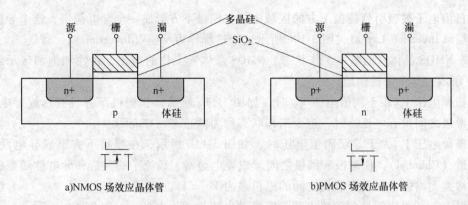

a)NMOS 场效应晶体管　　　　　　　　b)PMOS 场效应晶体管

图 3-9　NMOS 和 PMOS 晶体管及其符号

到一定程度,那么在栅极下方的硅片表面的位置,电子数量就会超过空穴的数量并达到一定的数值,就会形成一个反型的区域,称为沟道(Channel),这样在源极和漏极的扩散区之间就形成一个由电子载流子形成的导电通道,电流可以从其中流过,这时 MOS 晶体管是正常工作的,称该 MOS 晶体管导通(ON)。

1) MOS 晶体管的基本工作原理。MOS 晶体管是电压控制器件,可以看成是一个"理想"的开关。MOS 晶体管是一种多数载流子起作用的器件,其中源极和漏极之间的导电沟道中的电流由加载在栅极上的电压所控制。在 NMOS 晶体管中,多数载流子是电子,在PMOS 晶体管中,多数载流子是空穴。

① N 沟道形成过程。图 3-10 所示为简单的 NMOS 晶体管沟道形成示意图。

当在栅极上加载负电压时,栅极上充入的是负电荷,因此硅中运动的正电荷(带正电的空穴)被吸引到栅极下方的区域中,如图 3-10a 所示,这个过程称为积累(Accumulation);当在栅极上加载一个较低的正电压时,导致在栅极上充入一些正电荷,因此硅中的带正电荷的空穴被排斥出栅极的正下方硅体表面,从而在栅极下方形成一个耗尽区(Depletion Region),如图3-10b 所示,这个过程称为耗尽(Depletion);当在栅极加载一个大于阈值电压 V_{TN} 的正电压时,栅极正下方硅体表面的空穴被排斥到更远的位置,同时硅体中少

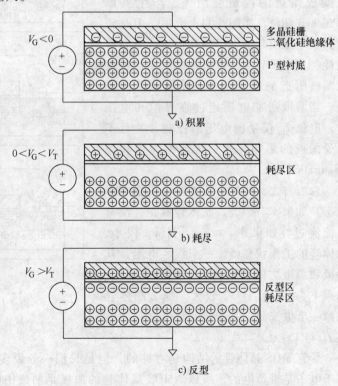

图 3-10　简单的 NMOS 晶体管沟道形成示意图

量的准自由电子被吸引到栅极下方的区域中，在栅极下方形成一个导电薄层，这个导电层称为反型层（Inversion Layer），图 3-10c 所示这个过程称为反型（Inversion）。

② NMOS 晶体管的基本工作状态。NMOS 晶体管工作的截止、线性和饱和区示意图如图 3-11 所示，其中源极接地。

当栅源电压 V_{GS} 小于阈值电压 V_{TN} 时，如图 3-11a 所示，在栅极下方没有形成导电沟道，漏极和源极之间没有电流流过，这个工作状态称为截止态（Cutoff）。

当栅源电压 V_{GS} 大于等于阈值电压时，如图 3-11b 所示，在栅极下方形成导电反型层，称为沟道（Channel），使源极和漏极之间形成导电通路，载流子的数量和导电性随栅极所加电压的增大而增强，漏极和源极之间的电位差为 $V_{DS} = V_{GS} - V_{GD}$。

如果 $V_{DS} = 0$，则漏极到源极之间没有推动电流流动的电场，如图 3-10b 所示。

如果增大 V_{DS}，使 V_{DS} 为一个较小的正电压，则在漏极和源极之间会产生电流，这个工作状态称为线性工作区，或称为非饱和工作区，如图 3-11c 所示。

如果 V_{DS} 增大到使靠近漏极的沟道临界夹断，对应的电压称为临界饱和电压 V_{Dsat}，$V_{Dsat} = V_{GS} - V_{TN}$。

如果 V_{DS} 足够大，使得 $V_{GD} < V_{TN}$，那么漏极附近的沟道会消失，产生夹断（Pinched Off），如图 3-11d 所示。但是正的漏极电压引起的电子漂移仍然会具备导电性。当电子到达沟道末端时，它们被注入漏极附近的耗尽区中，并加速流向漏极。当漏极所加电压超过临界饱和电压时，电流 I_{DS} 仅受栅电压的控制，并且不再受漏极的影响，这个状态称为饱和态（Saturation）。

总而言之，NMOS 晶体管有三个工作状态。如果 $V_{GS} < V_{TN}$，晶体管截止，没有电流流过。如果 $V_{GS} \geq V_{TN}$，且 V_{DS} 较小，晶体管的工作状态就像一个线性电阻，其漏极和源极之间的电流 I_{DS} 与 V_{DS} 成正比。如果 $V_{GS} \geq V_{TN}$，且 V_{DS} 较大，那么晶体管就像一个电流源，其漏极和源极之间的电流 I_{DS} 与 V_{DS} 无关。

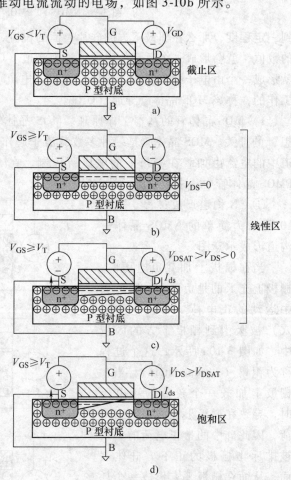

图 3-11 NMOS 晶体管工作的
截止、线性和饱和区示意图

尽管 MOS 晶体管的结构是对称的，但是我们一般说多数载流子是从源极流向漏极的，由于电子是带负电的，所以 NMOS 晶体管的源极是两极中电平偏低的一极。空穴是带正电的，因此 PMOS 晶体管的源极是两极中电平偏高的一级。在互补 CMOS 门中，源极更靠近电源导线，而漏极更靠近输出端。

2）MOS 晶体管的直流特性。在分析 MOS 晶体管的直流特性之前，考虑器件内部的多种不确定因素，先做以下几种假设：

① 源极电极与沟道之间、漏极电极与沟道之间的压降忽略。

② 沟道电流为漂移电流。

③ 在反型层中电子迁移率为常数。

④ 沟道与衬底之间的 PN 结反向截止。

⑤ 沟道中任意一点 y 处的横向电场 E_y 远小于该处的纵向电场。

现在以 NMOS 晶体管为例，来分析 MOS 晶体管的基本直流特性，NMOS 晶体管的转移特性和输出特性曲线如图 3-12 所示。根据半导体物理学的相关知识，在沟道中任一处的电流为

$$I_D = W\mu_n C_{OX} \left[V_{GS} - V_{TN} - V\left(y\right) \right] \frac{dV\left(y\right)}{dy} \tag{3-7}$$

式中，I_D 为沟道电流；W 为沟道宽度；μ_n 为电子迁移率；C_{OX} 为栅氧单位面积电容；V_{GS} 为栅端电压；V_{TN} 为阈值电压；$V\left(y\right)$ 为 y 点处电压。

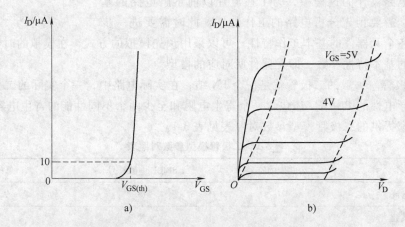

图 3-12　NMOS 晶体管的转移特性和输出特性曲线

根据图 3-12 所示曲线可以将 NMOS 晶体管的工作特性分为以下三个区间：

① 截止区。当 V_{GS} 小于管子的阈值电压 V_{TN} 时，NMOS 晶体管处于不导通状态，此时源极和漏极之间的电流 I_{DS} 为 0。

② 线性区。当栅端电压 V_{GS} 大于 MOS 晶体管开启电压 V_{TN} 时，管子开启导通。如果源极和漏极之间的电压 V_{DS} 比较小，随着 V_{DS} 的逐渐增大，$V\left(y\right)$ 也逐渐上升，此时有

$$I_D = \beta \left[\left(V_{GS} - V_{TN}\right) V_{DS} - \frac{1}{2} V_{DS}^2 \right] \tag{3-8}$$

式中，$\beta = \dfrac{W\mu_n C_{OX}}{L}$；$C_{OX}$ 为栅氧单位面积电容。

当 $V_{DS} \ll V_{GS} - V_T$，此时沟道中的压降比较小，式（3-7）中的 $V(y)$ 可以忽略掉，此时有

$$I_D = \frac{W\mu_n C_{OX}}{L} \left(V_{GS} - V_{TN}\right) V_{DS} = \beta \left(V_{GS} - V_{TN}\right) V_{DS} \tag{3-9}$$

③ 饱和区。当 $V_{DS} \geq V_{GS} - V_T$ 时，处于饱和状态，得到饱和电流为

$$I_D = \frac{\mu_n C_{OX} W}{2L}(V_{GS} - V_{TN})^2 \tag{3-10}$$

$V_{DS} = V_{GS} - V_T$ 时对应的电压称为临界饱和电压，记为 V_{Dsat}。

随 V_{DS} 的增大，夹断区开始变大，此时沟道的有效长度为

$$L_{eff} = L - \Delta L = L\left(1 - \frac{\Delta L}{L}\right) \tag{3-11}$$

如果忽略沟道长度的变化，夹断后的电流基本保持不变。

对于 PMOS 晶体管，其特性和 NMOS 晶体管是十分相似的，只不过特性曲线出现在第三象限。PMOS 晶体管的直流特性曲线如图 3-13 所示。

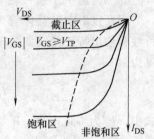

图 3-13　PMOS 晶体管的直流特性曲线

读者自己根据这三个分区的划分情况，可以在 PMOS 晶体管的直流特性曲线上分别标注这三个分区的位置。

3. 有源器件模型

在集成电路设计的过程中，为了在流片以前了解电路的基本工作特性，需要预先分析电路的工作特性，此时需要进一步了解电路中各个元器件的基本工作特性。可以采用预先模拟的方式，在模拟的时候，就需要知道元器件的基本特性参数，即元器件所对应的模型。

（1）二极管　一般的二极管就是一个 PN 结，在实际电路中，一个实际的二极管不仅包含一个单向导电性的 PN 结，还包含一个寄生电阻和至少两个不同性能的寄生电容。

工艺厂家提供的二极管模型参数对照表见表 3-1。

表 3-1　二极管模型参数对照表

参数名	公式中的符号	SPICE 中的符号	单位
饱和电流	I_S	IS	A
发射系数	n	N	
串联体电阻	R_S	RS	Ω
渡越时间	τ_T	TT	s
零偏势垒电容	C_{j0}	CJ0	F
梯度因子	m	M	
PN 结内建势垒	V_0	VJ	V

下面给出一个普通二极管的工艺模型数据，如下所示：

. MODEL DIODE D（IS = 5. 3253E-12 N = 3. 4748 RS = 1. 0000E-3 CJ0 = 1. 0000E-12 M = . 3333

+ VJ = . 75 ISR = 100. 00E-12 BV = 120 IBV = 1. 00E-6 TT = 5. 0000E-9）

（2）双极型晶体管　双极型晶体管在模拟集成电路和数字集成电路中都广泛存在。一般情况下 SPICE 中的双极型晶体管采用 Ebers-Moll（EM）模型和 Gummel-Poon（GP）模型。这两种模型均属于物理模型，其模型参数能较好地反映物理本质且易于测量。

工艺厂家提供的双极型晶体管模型参数对照表见表 3-2。

表 3-2　双极型晶体管模型参数对照表

参数名称	公式中符号	SPICE 符号	单位
饱和电流	I_S	IS	A
理想最大正向电流增益	α_F	BF	
理想最大反向电流增益	α_B	BR	
正向厄立电压	V_{AF}	VAF	V
反向厄立电压	V_{AR}	VAR	V
衬底结指数因子	m_s	MJS	
衬底结内建电动势	V_{s0}	VJS	V
正向渡越时间	τ_F	TF	s

下面给出一个普通双极型晶体管的工艺模型数据。

NPN 型晶体管模型数据：

. MODEL NPN NPN

+ IS = 1. 501E-12 BF = 772. 1　　NF = 1　　VAF = 100

+ IKF = . 1298 ISE = 163. 8E-12　　NE = 1. 998　　BR = 499. 5

+ NR = 1 VAR = 100 IKR = 19. 98 ISC = 1. 536E-12

+ NC = 2. 997 RB = 1. 101 NK = . 5077

+ RE = 0 RC = . 1498 EG = 1. 110

+ CJE = 316. 6E-12 VJE = . 436 MJE = . 2878 TF = 16. 416E-9

+ XTF = 1 VTF = 10 ITF = 10. 00E-3 CJC = 189. 3E-12

+ VJC = . 6244 MJC = . 1866 XCJC = . 9 FC = . 5

+ TR = 13. 837E-9

PNP 型晶体管模型数据：

. MODEL PNP PNP

+ IS = 1. 500E-12 BF = 2. 997E3 NF = 1 VAF = 100

+ IKF = . 263 ISE = 6. 747E-12 NE = 1. 413 BR = 499. 5

+ NR = 1 VAR = 100 IKR = 19. 98 ISC = 19. 59E-12

+ NC = 2. 997 RB = 1. 0845 NK = . 5779

+ RE = 0 RC = 0. 196311 EG = 1. 110

+ CJE = 316. 6E-12 VJE = . 436 MJE = . 2878 TF = 9. 781E-9

+ XTF = 1 VTF = 10 ITF = 10. 00E-3 CJC = 372. 5E-12

+ VJC = 1. 177 MJC = . 2738 XCJC = . 9 FC = . 5

+ TR = 7. 561E-9

（3）MOS 晶体管　美国加州伯克利分校在 20 世纪 70 年代曾推出了包含在 SPICE 软件包中的 MOS 场效应晶体管模型：1 级模型通过电流电压的平方律特性描述，2 级模型是一个详尽解析的 MOS 场效应晶体管模型，3 级模型是一个半经验型模型。2 级和 3 级模型都考虑了短沟道阈值电压、亚阈值电导、速度饱和分散限幅、电荷控制电容等二阶效应的影响。到了 20 世纪 90 年代，又出现了 BISM3 版本，即伯克利短沟道 IGFET 模型。在商业版的 SPICE

中包含有更多的、更精确的器件模型。

在模型文件中一般用 LEVEL 变量标明不同的 MOS 晶体管模型。LEVEL = 1 对应 Shichman-Hodges，LEVEL = 2 对应 Grove-Forhman，LEVEL = 3 对应半经验短沟道模型，LEVEL = 49 对应 BSIM3V3 模型。

下面给出 MOS 晶体管 LEVEL 为 1、2、3 时包含的部分模型参数，MOS 晶体管模型参数见表 3-3。

表 3-3　MOS 晶体管模型参数

序号	参数名称	参数含义解释	单位	默认值
1	LEVEL	模型级别		
2	VTO	零偏置阈值电压	V	0.0
3	KP	本征跨导参数	A/V^2	2.0×10^{-5}
4	IS	衬底结饱和电流	A	1.0×10^{-15}
5	RSH	源漏扩散区方块电阻	Ω/□	0.0
6	TOX	栅氧化层厚度	m	1.0×10^{-7}
7	LD	沟道横向扩散长度	m	0.0

下面给出普通 MOS 晶体管的工艺模型数据。

NMOS 晶体管模型数据：

. model nmos nmos

+ Level = 2 Ld = 0. 0u Tox = 225. 00E-10

+ Nsub = 1. 066E + 16 Vto = 0. 622490 Kp = 6. 326640E-05

+ Gamma = . 639243 Phi = 0. 31 Uo = 1215. 74

+ Uexp = 4. 612355E-2 Ucrit = 174667 Delta = 0. 0

+ Vmax = 177269 Xj = . 9u Lambda = 0. 0

+ Nfs = 4. 55168E + 12 Neff = 4. 68830 Nss = 3. 00E + 10

+ Tpg = 1. 000 Rsh = 60 Cgso = 2. 89E-10

+ Cgdo = 2. 89E-10 Cj = 3. 27E-04 Mj = 1. 067

+ Cjsw = 1. 74E-10 Mjsw = 0. 195

PMOS 晶体管模型数据：

. model pmos pmos

+ Level = 2 Ld = . 03000u Tox = 225. 000E-10

+ Nsub = 6. 575441E + 16 Vto = -0. 63025 Kp = 2. 635440E-05

+ Gamma = 0. 618101 Phi = . 541111 Uo = 361. 941

+ Uexp = 8. 886957E-02 Ucrit = 637449 Delta = 0. 0

+ Vmax = 63253. 3 Xj = 0. 112799u Lambda = 0. 0

+ Nfs = 1. 668437E + 11 Neff = 0. 64354 Nss = 3. 00E + 10

+ Tpg = -1. 00 Rsh = 150 Cgso = 3. 35E-10

+ Cgdo = 3. 35E-10 Cj = 4. 75E-04 Mj = . 341

+ Cjsw = 2. 23E-10 Mjsw = 0. 307

3.2.2　MOS 晶体管的特性及参数

1. MOS 晶体管特性

（1）*I-V* 特性　当 NMOS 晶体管工作在截止区时没有沟道，从漏极到源极几乎没有电流。

当 NMOS 晶体管工作在线性工作区时，电子从源极向漏极漂移，漂移速度正比于这两个区之间的电场强度。电容每个极板上的电量为 $Q = CV$，因此，沟道中的电荷 $Q_{channel}$ 为

$$Q_{channel} = C_G (V_{GC} - V_T) \tag{3-12}$$

式中，C_G 为栅极到沟道的电容；$V_{GC} - V_T$ 是去掉 PN 结反偏所需的最小电压之后的电压，它能够吸引电荷到沟道中去。

栅极所加电压是针对参考沟道而言的，沟道并没有接地。如果源极电压为 V_S，漏极电压为 V_D，那么平均电压为 $V_C = (V_S + V_D)/2 = V_S + V_{DS}/2$，因此栅极和沟道电压的平均值差 V_{GC} 为 $V_{GS} - V_{DS}/2$，栅极到沟道的电压示意图如图 3-14 所示。

如果栅极的长度为 L，宽度为 W，栅氧的厚度为 t_{ox}，则电容值为

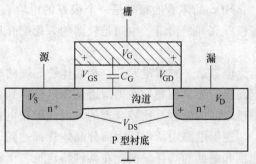

图 3-14　栅极到沟道的电压示意图

$$C_G = \varepsilon_{ox} \frac{WL}{t_{ox}} \tag{3-13}$$

式中，SiO_2 的介电常数 $\varepsilon_{ox} = 3.9\varepsilon_0$，真空介电常数 ε_0 为 $8.85 \times 10^{-14} F/cm$。通常把 ε_0/t_{ox} 称为 C_{ox}，即栅氧单位面积上的电容。

沟道中载流子的平均速度为

$$v = \mu_n E \tag{3-14}$$

电场强度 E 等于漏极和源极之间的电压差除以沟道长度，即

$$E = \frac{V_{DS}}{L} \tag{3-15}$$

载流子穿越沟道的时间等于沟道长度除以载流子的速率，即 L/v。

因此漏极和源极之间的电流等于沟道中的总电荷量除以穿越沟道的时间，即

$$I_{DS} = \frac{Q_{channel}}{L/v} = \mu_n C_{ox} \frac{W}{L} (V_{GS} - V_{TN} - V_{DS}/2) V_{DS}$$

$$= \beta (V_{GS} - V_{TN} - V_{DS}/2) V_{DS} \tag{3-16}$$

式中，$\beta = \mu_n C_{ox} W/L$。

当 MOS 晶体管工作在饱和区，即 $V_{DS} > V_{Dsat}$ 时，靠近漏极附近的沟道消失，此时继续增大漏极电压对电流没有影响。把临界点的电压值带入公式就可以得到饱和电流的表达式：

$$I_{DS} = \frac{\beta}{2} (V_{GS} - V_{TN})^2 \tag{3-17}$$

综上所述，截止区、线性区和饱和区内的 *I-V* 特性关系为

$$I_{DS} = \begin{cases} 0 & V_{GS} < V_{TN} \\ \beta \left[(V_{GS} - V_{TN}) \ V_{DS} - \dfrac{1}{2} V_{DS}^2 \right] & V_{GS} \geq V_{TN} \ \& \ V_{DS} < V_{Dsat} \\ \dfrac{\beta}{2} (V_{GS} - V_{TN})^2 & V_{GS} \geq V_{TN} \ \& \ V_{DS} \geq V_{Dsat} \end{cases} \qquad (3\text{-}18)$$

（2）*C-V* 特性　*C-V* 特性是 MOS 晶体管的栅极电容与栅端电压之间的关系，同时也受到 MOS 晶体管源极和漏极所加电压的影响。

1）简单的 MOS 晶体管模型。NMOS 晶体管的每个端和其他端之间都存在电容，一般来说这些电容都是非线性的，并且与电压相关。当它们工作在逻辑门的导通与截止电压附近时，我们可以将其近似处理为简单的电容。

MOS 晶体管的栅极是一个很好的电容，可以把栅电容看成是一个平板电容，其顶部是栅极，底部是沟道，中间是较薄的氧化层介质，因此其电容为

$$C_G = C_{OX} WL \qquad (3\text{-}19)$$

电容是一种双端元件，在晶体管导通的时候，如果晶体管未饱和则沟道从源极一直延伸到漏极，如果饱和且导通则沟道从源极延伸到夹断位置。因此将栅电容简化近似处理为栅极和源极之间的电容是比较合理的，因此称栅电容为 C_{GS}。

逻辑电路中所用的大部分晶体管都达到了最小的可制造长度，因为这样可以得到最快的速度和最低的功耗。因此在某种特定工艺下将这个最小长度看成常数 L，可以定义：

$$C_G = C_{permicron} W \qquad (3\text{-}20)$$

式中，$C_{permicron} = C_{OX} L = \dfrac{\varepsilon_{OX}}{t_{OX}} L$。

注意：如果有更先进的工艺，其中沟道长度和栅氧厚度都缩小了同样的比例，则 $C_{permicron}$ 保持不变（其值等于栅极宽度乘以 $1.5 \sim 2\text{fF}/\mu\text{m}$）。

2）复杂的 MOS 晶体管模型　在实际中，MOS 晶体管是工作在三种工作状态下，即截止、线性导通和饱和导通状态。

① 截止（Cutoff）。当 MOS 晶体管截止时，没有沟道形成，栅极上的电荷与硅体中极性相反的电荷是匹配的，将电容称为 C_{CB}，即栅极到硅体的电容。当栅极电压增大但仍低于阈值电压时，表面形成耗尽层，这样就相当于将电容的下极板向远离栅氧的方向做有效移动，增加了绝缘介质厚度，降低了电容的大小。

② 线性（Linear）。当 $V_{GS} > V_T$ 时，形成沟道，但沟道是与漏极和源极连接的，而不是与硅体连接的。当 V_{DS} 较低时，沟道电荷基本上是源极和漏极共享的，因此电容为 $C_{GS} = C_{GD} = C_0/2$（此处 C_0 为理想情况下平板电容值）；当 V_{DS} 增大时，漏极附近的区域反型程度减少，从而使更大一部分电容归于源极，较少一部分归于漏极。

③ 饱和（Saturation）。当 $V_{DS} > V_{GS} - V_{TN}$ 时，MOS 晶体管饱和，同时沟道夹断。此时所有本征电容都归于源极，由于发生夹断，饱和状态下的电容近似为 $C_{GS} = \dfrac{2}{3} C_0$。

（3）寄生电容　除了栅极电容之外，漏极和源极也有电容，这些电容并不是器件的基本工作条件，但也影响器件的性能，因此称为寄生电容（Parasitic Capacitor）。这些电容来自于源极或漏极扩散区和硅体之间的反偏 PN 结，因此也称为扩散电容 C_{SB} 和 C_{DB}。由于扩散

区具有较高的电阻和较大的电容，因此人们在版图上一般将其做得尽可能小。

在实际的器件中，栅极与源极和漏极有少量的重叠，同时还有一部分终止在源极和漏极的边缘电场，这样就形成了一些重叠电容，这些电容的大小与晶体管的宽度成正比，单位宽度重叠电容的典型值为 $C_{GSOL} = C_{GDOL} = 0.2 \sim 0.4fF/\mu m$。

则重叠电容值为

$$C_{GS(重叠)} = C_{GSOL}W$$
$$C_{GD(重叠)} = C_{GDOL}W \tag{3-21}$$

2. MOS 晶体管的基本参数

在设计 MOS 晶体管的过程中，要经常分析计算的参数包括宽长比、阈值电压等。

（1）宽长比　宽长比是比较重要的参数，它决定了晶体管的版图尺寸，其基本含义就是 MOS 晶体管沟道的宽度 W 和长度 L 的比值为 W/L。

（2）阈值电压　阈值电压 V_T 是金属栅电极下面的半导体表面呈现反型从而出现导电沟道时所需要加的电压。由于刚强反型时导电电子少，漏电流比较小，实际中常规定漏电流达到某一值时的栅电源电压值为 V_T。

强反型是指表面积累的少数载流子（少子）浓度等于甚至超过体内多数载流子浓度的状态，即表面电子浓度 n_s = 体内空穴浓度 p_P。

理想 MOS 晶体管的阈值电压为　　$V_T = -\dfrac{Q_{Bmax}}{C_{OX}} + 2\varphi$ 　　　　　　(3-22)

$$Q_{Bmax} = -qN_AX_{dmax} = -\left[2\varepsilon\varepsilon_0qN_AV_S\right]^{1/2}$$

$$\varphi = \frac{E_i - E_F}{q}$$

式中，q 为电荷常数；N_A 为 P 型衬底的掺杂浓度；ε 为相对介电常数；ε_0 为介电常数；E_i 为半导体导带能级；E_F 为费米能级；V_S 为表面势；X_{dmax} 为耗尽区宽度。

对于实际的 MOS 晶体管，由于金属和半导体的功函数差不为 0，栅氧中也存在一定的电荷，因此对应的阈值电压为

$$V_T = -V_{ms} - \frac{Q_{OX}}{C_{OX}} - \frac{Q_{Bmax}}{C_{OX}} + 2\varphi \tag{3-23}$$

式中，V_{ms} 为金属和半导体的功函数差；Q_{OX} 为栅氧的电荷浓度；Q_{Bmax} 为衬底的电荷浓度。

对应的 NMOS 晶体管和 PMOS 晶体管的阈值电压为

$$V_{TN} = -V_{ms} - \frac{Q_{OX}}{C_{OX}} - \frac{qN_AX_{dmax}}{C_{OX}} + \frac{2kT}{q}\ln\frac{N_A}{n_i}$$

$$V_{TP} = -V_{ms} - \frac{Q_{OX}}{C_{OX}} - \frac{qN_DX_{dmax}}{C_{OX}} + \frac{2kT}{q}\ln\frac{N_D}{n_i}$$

式中，V_{ms} 为金属和半导体的功函数差；X_{dmax} 为耗尽区宽度；T 为温度；n_i 为本征半导体的载流子浓度；N_A 为 P 型衬底的掺杂浓度；N_D 为 N 型衬底的掺杂浓度；k 为波尔兹曼常数。

由此看出，影响 MOS 晶体管阈值电压的因素主要有：①绝缘介质 SiO_2 中的电荷（Q_{OX}）。②衬底的掺杂浓度（N_A）。③栅氧化层的厚度（C_{OX}）。④栅材料与硅的功函数差（V_{ms}）。

在集成电路工艺中，通常需要对阈值电压进行调整，使之满足电路设计的要求，此工序称为"调沟"，即向沟道区进行离子注入（Ion Implantation），以改变沟道区表面附近载流子

浓度。

（3）导通电阻 R_{ON}　当 V_{DS} 较小，工作在线性区时，MOS 晶体管相当于一个电阻，定义当 V_{DS} 很小时 V_{DS} 与 I_{DS} 的比值为导通电阻。

$$R_{\mathrm{ON}} = \frac{1}{\beta\ (V_{\mathrm{GS}} - V_{\mathrm{T}})} = \frac{L}{\mu_{\mathrm{n}} C_{\mathrm{OX}} W} \times \frac{1}{V_{\mathrm{GS}} - V_{\mathrm{T}}} \tag{3-24}$$

（4）跨导　跨导是 MOS 晶体管的一个极为重要的参数，表示交流小信号时衡量 MOS 晶体管 V_{GS} 对 I_{DS} 的控制能力的参数（V_{DS} 恒定）。

$$g_{\mathrm{m}} = \left.\frac{\partial I_{\mathrm{DS}}}{\partial V_{\mathrm{GS}}}\right|_{V_{\mathrm{DS}} = \text{常数}} = \frac{\mu_{\mathrm{n}} \varepsilon \varepsilon_0}{t_{\mathrm{OX}}} \times \frac{W}{L}(V_{\mathrm{GS}} - V_{\mathrm{T}}) \tag{3-25}$$

式中，g_{m} 为 MOS 晶体管跨导；I_{DS} 为 MOS 晶体管的漏源电流。

（5）最高工作频率　当栅极输入电容 C_{GC} 的充放电电流等于漏极和源极交流电流的数值时，所对应的工作频率为 MOS 晶体管的最高工作频率。

因为当栅极和源极之间输入交流信号时，由源极增加（减少）流入的载流子中的一部分通过沟道对电容进行充（放）电，另一部分通过沟道流向漏极而形成漏源之间电流的变化量。因此当变化的电流全部用于对沟道电容进行充放电时，MOS 晶体管也失去了工作能力。

一般情况下，最高工作频率为

$$f_{\mathrm{m}} \propto \frac{\mu}{2\pi L^2}\ (V_{\mathrm{GS}} - V_{\mathrm{T}}) \tag{3-26}$$

式中，μ 是沟道载流子迁移率；V_{T} 是 MOS 晶体管的阈值电压。

计算 NMOS 晶体管或 PMOS 晶体管的最高工作频率时，只要将相应的载流子迁移率数值和阈值电压数值带入计算即可。从最高工作频率的表达式，我们得到一个重要的信息：最高工作频率与 MOS 器件的沟道长度 L 的平方成反比，减小沟道长度 L 可有效地提高工作频率。

（6）厄莱（Early）电压　当 MOS 晶体管工作在饱和区时，其沟道长度变小，减小了 ΔL，即存在一个沟道长度误差 ΔL。由于 ΔL 的存在，实际的沟道长度 L 将变短，对于 L 比较大的器件，$\Delta L / L$ 比较小，对器件的性能影响不大，但是，对于短沟道器件，这个比值将变大，对器件的特性产生影响。器件的电流-电压特性在饱和区将不再是水平直线的形状，而是向上倾斜，也就是说，工作在饱和区的 NMOS 晶体管的电流将随着

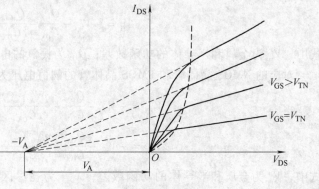

图 3-15　沟道长度调制效应的影响

V_{DS} 的增加而增加。这种在 V_{DS} 作用下沟道长度的变化引起饱和区输出电流变化的效应，被称为沟道长度调制效应。衡量沟道长度调制的大小可以用厄莱电压 V_{A} 表示，它反映了饱和区输出电流曲线上翘的程度。受到沟道长度调制效应影响的 NMOS 晶体管伏-安特性曲线将发生变化，沟道长度调制效应的影响如图 3-15 所示。

（7）衬底偏置电压　一般情况下我们都假设衬底和源极相连，但有时候衬底和源极不是相连的，而是衬底单独接一个电位，此时衬底与源极之间的电压差 V_{BS} 不等于 0。

如果衬底接一个正电位，对 NMOS 晶体管而言，衬底和源区形成的 PN 结处于反偏状态，对应的耗尽层变宽，耗尽层的增加必然导致可动载流子的减少，从而导致电流下降，为了保持原来的导电水平，必须增加栅极上的电压，因此衬底偏置电压的存在导致管子的阈值电压升高。

阈值电压的变化近似为 $\Delta V_T = \pm\gamma\sqrt{|V_{BS}|}$，$\gamma$ 为衬底偏置效应系数，它随衬底掺杂浓度变化而变化，典型值：NMOS 晶体管，$\gamma = 0.7 \sim 3.0$；PMOS 晶体管，$\gamma = 0.5 \sim 0.7$。对于 PMOS 晶体管，ΔV_T 取负值；对于 NMOS 晶体管，ΔV_T 取正值。

3.2.3　器件模拟

在进行集成电路设计的过程中，特别是在模拟集成电路设计过程中，需要进行单个晶体管的详细分析计算，或者在设计元器件优化的过程中，需要对元器件的基本特性进行分析计算，如果采用人工计算的方式，将会非常浪费时间，而且计算量非常巨大，此时就可以借助计算机利用器件模拟器完成。

器件模拟是根据器件的杂质分布情况，利用器件模型，通过计算机模拟计算得到器件的特性。比较常用的一种模拟技术是器件物理模拟技术，该技术从器件内部载流子的运动状态情况出发，依据器件的几何结构及杂质分布，建立严格的物理模型及数学模型，通过计算得到器件的特性参数。器件物理模拟技术中目前常用的方法有有限差分法、有限元法和蒙特卡罗法。

目前进行半导体器件模拟的 CAD 系统有很多，比较常用的 CAD 系统主要由以下几家公司提供：Synopsys、Silvaco、Taurus 和 ISE。比较早期的器件模拟器是 Taurus 公司的 Medici，现在 Taurus 公司已经被 Synopsys 公司收购。Synopsys 公司在收购 Taurus 和 ISE 公司后开发出新的器件模拟器是 Device 模拟器，可以用来预测半导体器件的电学、温度和光学特性，通过一维、二维和三维的方式对多种器件进行建模，包括 MOSFET、SOI、Strain Silicon、SiGe、BiCMOS、HBT 和 IGBT 等，从简单的二极管、晶体管到复杂的 MOS 器件、光电器件、功率器件、射频器件和存储器件等都有准确的模型。Silvaco 公司的器件模拟器是 Atlas，Atlas 可以使器件技术工程师模拟半导体器件的电学、光学和热学行为，它提供一个以物理学为基础、使用简便的模块化的可扩展平台，用以分析以硅元素为基础的高级材料，在二维、三维模式下的直流、交流和时域响应。

小　　结

本章主要讨论了集成电路的制作工艺流程，介绍了常用元器件的基本结构和模型；重点分析了 MOS 晶体管的结构、原理和工作过程；并对 MOS 晶体管的工作特性进行分析，特别是晶体管的工作特性方程；最后对 MOS 晶体管的特性及参数进行了分析讨论。

习　　题

3.1　简述 P 型衬底制作 NMOS 晶体管的基本工艺流程。

3.2　简述 P 型衬底制作 PMOS 晶体管的基本工艺流程。

3.3　简述 P 型衬底制作 CMOS 电路的基本工艺流程。

3.4　简述集成电路的分类。

3.5　简述 NMOS 晶体管沟道的形成过程。

3.6　简述 NMOS 晶体管的工作区划分条件及每个工作区的工作特性方程。

3.7　简述影响 MOS 晶体管阈值电压的四个因素。

第4章 电路基础

教学目标
- 了解基本单元电路反相器的结构和分类。
- 掌握 CMOS 反相器的基本特性。
- 掌握电路的基本参数特性。
- 掌握 CMOS 逻辑电路的设计。
- 掌握常用子系统的设计。
- 了解设计自动化的概念。

4.1 反相器及其电路参数

电路的组成单元是元器件，元器件组成的电路复杂程度不一样，一般情况下是先组成简单的电路单元，一般为基本单元，再由基本单元组成复杂的单元。最常用的基本单元电路是反相器。

4.1.1 反相器的组成与类别

反相器的输入与输出反相，能执行逻辑非的功能。反相器是数字电路的基本单元，其一般形式如图 4-1 所示。

其中驱动器件通常采用增强型 MOS 晶体管，负载可以有电阻负载、增强型负载、耗尽型负载和互补型负载。

1. 电阻负载反相器（E/R）

负载是电阻，假设其阻值为 R_1，驱动管的导通电阻为 R_{ON}，则输出电平为

$$V_O = \frac{R_1}{R_1 + R_{ON}} V_{DD}$$

此时要实现反相器的功能，则要合理地选取 R_1 的值，使得输出低电平符合电路的要求。

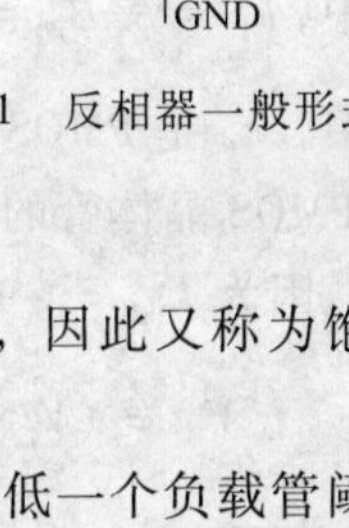

图 4-1 反相器一般形式

2. 增强型负载反相器（E/E）

负载是栅极和漏极短接并接在电源上的增强型管子，工作于饱和区，因此又称为饱和 E/E 反相器。

当输入为低电平时，驱动管截止，负载管饱和导通，输出为比高电平低一个负载管阈值电压 V_{TL} 的电平，$V_{OH} = V_{DD} - V_{TL}$；当输入为高电平时，驱动管导通，因此在驱动管与负载管中流过的电流相等，可以据此求出低电平值：

$$V_{OL} = \frac{(V_{DD} - V_{TL})^2}{2\beta_E / \beta_L (V_I - V_{TE})} \tag{4-1}$$

式中，V_{TL} 为负载管的阈值电压；β_E 为驱动管的放大倍数；β_L 为负载管的放大倍数；V_I 为输入电压；V_{TE} 为驱动管的阈值电压。

3. CMOS 反相器

CMOS 反相器由一个 NMOS 晶体管和一个 PMOS 晶体管组成，CMOS 反相器电路如图 4-2 所示。两个 MOS 晶体管的栅极连接在一起作为输入端，两个 MOS 晶体管的漏极连接在一起作为输出端。其中 PMOS 晶体管的源极连接电源 V_{DD}，NMOS 晶体管的源极连接地 GND。

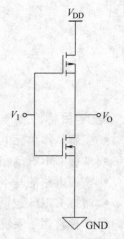

图 4-2　CMOS 反相器电路

4.1.2　CMOS 反相器的基本特性

本文以 CMOS 反相器为例来分析反相器的基本工作特性。

为了分析简便，假设 $V_{TP} = -V_{TN}$（这里 V_{TP} 指 PMOS 晶体管的域值电压），并且 PMOS 晶体管的沟道宽度是 NMOS 晶体管的 2~3 倍。

根据 MOS 晶体管的基本工作状态，CMOS 反相器的工作状态可以分为 5 个区域。

$\boxed{A\ \text{区}}$：$0 \leqslant V_I \leqslant V_{TN}$，在该区间内，NMOS 晶体管截止，PMOS 晶体管处于线性区，输出电压是 $V_O = V_{DD}$。

$\boxed{B\ \text{区}}$：$V_{TN} \leqslant V_I < V_{DD}/2$，在该区间内，PMOS 晶体管工作在线性区，而 NMOS 晶体管工作在饱和区，PMOS 晶体管相当于一个电阻，NMOS 晶体管相当于一个电流源。令 $V_{GS} = V_I$，可得到 NMOS 晶体管的饱和电流 I_{DSN}：

$$I_{DSN} = k_N (V_I - V_{TN})^2 \tag{4-2}$$

其中，$k_N = \dfrac{1}{2}\beta_N = \dfrac{\mu_N \varepsilon}{2 t_{OX}} \times \dfrac{W_N}{L_N}$。

式中，k_N 是 NMOS 晶体管的 k 因子；β_N 是 NMOS 晶体管的 β 因子；W_N 是 NMOS 晶体管的沟道宽度；L_N 是 NMOS 晶体管的沟道长度。

对于 PMOS 晶体管而言，$V_{GS} = V_I - V_{DD}$，$V_{DS} = V_O - V_{DD}$，所以电流为

$$I_{DSP} = -k_P [2(V_I - V_{DD} - V_{TP})(V_O - V_{DD}) - (V_O - V_{DD})^2] \tag{4-3}$$

其中，$k_P = \dfrac{1}{2}\beta_P = \dfrac{\mu_P \varepsilon}{2 t_{OX}} \times \dfrac{W_P}{L_P}$。

式中，k_P 是 PMOS 晶体管的 k 因子；β_P 是 PMOS 晶体管的 β 因子；μ_P 是空穴的迁移率；W_P 是 PMOS 晶体管的沟道宽度；L_P 是 PMOS 晶体管的沟道长度。

因为 $I_{DSN} = -I_{DSP}$，所以输出电压可以表示为

$$V_O = (V_I - V_{TP}) + \left[(V_I - V_{TP})^2 - 2\left(V_I - \frac{V_{DD}}{2} - V_{TP}\right)V_{DD} - \frac{k_N}{k_P}(V_I - V_{TN})^2 \right]^{1/2} \tag{4-4}$$

$\boxed{C\ \text{区}}$：$V_I = V_{DD}/2$，在该区中 NMOS 晶体管和 PMOS 晶体管都处于饱和状态，两个晶体管的饱和电流表示如下：

$$I_{DSP} = -k_P (V_I - V_{DD} - V_{TP})^2$$

$$I_{DSN} = k_N (V_I - V_{TN})^2 \tag{4-5}$$

根据 $I_{DSN} = -I_{DSP}$，得到 $V_I = \dfrac{V_{DD} + V_{TP} + V_{TN}\sqrt{k_N/k_P}}{1 + \sqrt{k_N/k_P}}$，令 $k_N = k_P$，$V_{TP} = -V_{TN}$，就可以得

到 $V_I = V_{DD}/2$。

输出电压的范围为 $V_I - V_{TN} < V_O < V_I - V_{TP}$。

$\boxed{D 区}$：$V_{DD}/2 < V_I \leqslant V_{DD} + V_{TP}$，在该区内，PMOS 晶体管处于饱和，NMOS 晶体管处于线性工作区，两个电流可以写为

$$I_{DSP} = -k_P(V_I - V_{DD} - V_{TP})^2$$
$$I_{DSN} = -k_N[2(V_I - V_{TN})V_O - V_O^2]$$

根据 $I_{DSP} = -I_{DSN}$，可得到

$$V_O = (V_I - V_{TN}) - \left[(V_I - V_{TN})^2 - \frac{k_P}{k_N}(V_I - V_{DD} - V_{TP})^2\right]^{1/2} \tag{4-6}$$

$\boxed{E 区}$：$V_{DD} + V_{TP} \leqslant V_I < V_{DD}$，在该区 PMOS 晶体管截止，NMOS 晶体管工作在线性区，$V_O = 0$。

每个区的情况可以由 CMOS 反相器直流特性示意图（见图 4-3）给出。

具体的数学计算，不再推导，如果大家感兴趣，可以查阅相关资料。

4.1.3 电路主要参数

1. 信号传输延迟

图 4-4 所示为一典型的反相器输入和输出波形对比示意图。

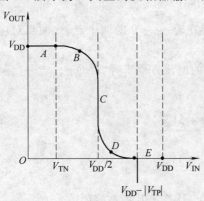

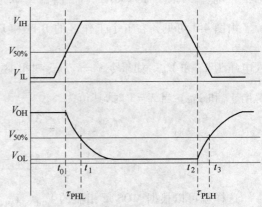

图 4-3　CMOS 反相器直流特性示意图　　　图 4-4　反相器输入和输出波形对比

传输延迟时间 τ_{PHL} 和 τ_{PLH} 分别决定了输出由高变低和由低变高时的输入到输出的信号延时。

假设输入电压为理想的矩形波形，输入电压的上升和下降时间为 0，则输出端 50% 处的电压为

$$V_{50\%} = V_{OL} + (V_{OH} - V_{OL})/2 = (V_{OH} + V_{OL})/2$$

式中，V_{OL} 为输出低电平；V_{OH} 为输出高电平。

则延迟为

$$\tau_P = \frac{\tau_{PHL} + \tau_{PLH}}{2}$$

假设 $V_{OH} = V_{IH} = V_H = V_{DD}$，$V_{OL} = V_{IL} = V_L = 0$，利用电容充电和放电时间的平均电流，根据电压输出翻转时器件的电容电流近似为常量，通过求解输出节点的状态方程可得：

$$\tau_{PHL} = \frac{C_L}{k_N(V_{DD} - V_{TN})}\Big[\frac{2V_{TN}}{V_{DD} - V_{TN}} + \ln\Big(\frac{4(V_{DD} - V_{TN})}{V_{DD}} - 1\Big)\Big]$$

$$\tau_{PLH} = \frac{C_L}{k_P(V_{DD} - |V_{TP}|)}\Big[\frac{2|V_{TP}|}{V_{DD} - |V_{TP}|} + \ln\Big(\frac{4(V_{DD} - |V_{TP}|)}{V_{DD}} - 1\Big)\Big] \tag{4-7}$$

式中，C_L 是等效负载电容。

根据这两个公式，设计时在考虑延时的情况下可以计算晶体管的宽长比，也就是所谓的有延时约束的设计。

2. 噪声容限

噪声容限是与输入输出电压特性密切相关的参数，通常用两个参数——低噪声容限 NM_L 和高噪声容限 NM_H 来确定噪声容限。

NM_L 定义为驱动门的最大输出低电平 $V_{OL,max}$ 与被驱动门的最大输入低电平 $V_{IL,max}$ 之差的绝对值，即

$$NM_L = |V_{IL,max} - V_{OL,max}| \tag{4-8}$$

式中，$V_{IL,max}$ 为最大输入低电平；$V_{OL,max}$ 为最大输出低电平。

NM_H 定义为驱动门的最小输出高电平 $V_{OH,min}$ 与被驱动门的最小输入高电平 $V_{IH,min}$ 之差的绝对值，即

$$NM_H = |V_{IH,min} - V_{OH,min}| \tag{4-9}$$

式中，$V_{IH,min}$ 为最小输入高电平；$V_{OH,min}$ 为最小输出低电平。

由图 4-3 可见，在五个工作区的 B 区和 D 区，存在着 $\frac{\partial V_O}{\partial V_I} = 0$ 的两个点，这两点对应的输入电压为 V_{IL} 和 V_{IH}。如果令 $x = k_N/k_P$，对 B 区和 D 区的电流方程求导，并令 $\frac{\partial V_O}{\partial V_I} = -1$，就可以解出 V_{IL} 和 V_{IH}。当 $X = 1$ 时，其值为

$$V_{IL} = \frac{3V_{DD} - 3|V_{TP}| + 5V_{TN}}{8}$$

$$V_{IH} = \frac{5V_{DD} - 5|V_{TP}| + 3V_{TN}}{8} \tag{4-10}$$

这样就可以根据 MOS 反相器的 V_{OH}、V_{OL}、V_{IH}、V_{IL} 计算出其噪声容限。

3. 开关特性

在 CMOS 电路中，负载电容 C_L 的充电和放电时间限制了门的开关速度。

CMOS 反相器负载电容示意图如图 4-5 所示，该反相器具有表示电容负载的负载电容 C_L（由下一级的输入电容、本级的输出电容和连线电容组成）。当输入是阶跃电压时，输出不是阶跃电压。CMOS 反相器的开关特性如图 4-6 所示。

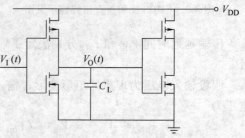

图 4-5　CMOS 反相器负载电容示意图

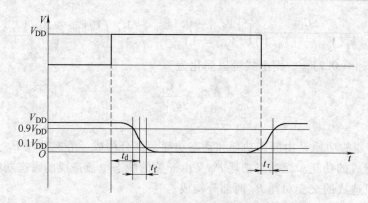

图 4-6 CMOS 反相器的开关特性

其中上升时间 t_r 是波形从稳态值的 10% 上升到 90% 所需的时间，下降时间 t_f 是波形从稳态值的 90% 下降到 10% 所需的时间，延迟时间 t_d 是输入电压变化到稳态值的 50% 的时刻和输出电压变化到稳态值的 50% 的时刻之间的时间差（延迟时间被认为是从输入到输出的逻辑转移时间）。

（1）下降时间 开关器件 NMOS 晶体管工作点的移动轨迹如图 4-7 所示，其中输入电压从 V_{DD} 变化到 0 时的工作点的移动轨迹为图中箭头的示意方向。

最初，NMOS 晶体管截止，负载电容充电到 V_{DD}，对应于轨迹曲线的 X_1 点，当反相器输入端上加阶跃电压时，工作点变化到 X_2，此后轨迹沿 $V_{GS} = V_{DD}$ 的特性曲线向原点 X_3 运动。

因此下降时间由两个时间间隔组成：

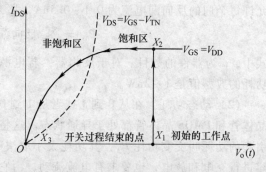

图 4-7 开关器件 NMOS 晶体管工作点的移动轨迹

1）电容电压从 $0.9V_{DD}$ 下降到 $V_{DD} - V_{TN}$ 所需的时间 t_{f1}。

根据公式 $C_L \dfrac{dV_0}{dt} + k_N (V_{DD} - V_{TN})^2 = 0$ 进行积分可得到

$$t_{f1} = \frac{C_L}{k_N (V_{DD} - V_{TN})^2} \int_{V_{DD} - V_{TN}}^{0.9V_{DD}} dV_0 = \frac{C_L (V_{TN} - 0.1V_{DD})}{k_N (V_{DD} - V_{TN})^2}$$

2）电容电压从 $V_{DD} - V_{TN}$ 下降到 $0.1V_{DD}$ 所需的时间。经过积分计算可以得到

$$t_{f2} = \frac{C_L}{2k_N (V_{DD} - V_{TN})} \int_{0.1V_{DD}}^{V_{DD} - V_{TN}} \frac{dV_0}{\dfrac{V_0^2}{2(V_{DD} - V_{TN})} - V_0}$$

$$= \frac{C_L}{2k_N (V_{DD} - V_{TN})} \ln\left(\frac{19V_{DD} - 20V_{TN}}{V_{DD}} \right)$$

如果假设 $V_{TN} = 0.2V_{DD}$，则下降时间可以近似为

$$t_f = t_{f1} + t_{f2} \approx 2 \frac{C_L}{k_N V_{DD}} \tag{4-11}$$

（2）上升时间 可以用类似的方法计算上升时间，可得到

$$t_r = \frac{C_L}{k_P(V_{DD} - |V_{TP}|)}\left[\frac{|V_{TP}| - 0.1V_{DD}}{V_{DD} - |V_{TP}|} + \frac{1}{2}\ln\left(\frac{19V_{DD} - 20|V_{TP}|}{V_{DD}}\right)\right]$$

如果取 $|V_{TP}| = 0.2V_{DD}$，则上式可以简化为

$$t_r \approx 2\frac{C_L}{k_P V_{DD}} \tag{4-12}$$

4. 功耗

CMOS 反相器的功耗 P 由静态功耗和动态功耗两部分构成。静态功耗 P_D 即是 MOS 晶体管反向漏电流造成的功耗。而动态功耗 P_S 又由开关的瞬态电流造成的瞬态功耗 P_A 和负载电容的充电与放电造成的交变功耗 P_T 两部分构成。

（1）静态功耗　考虑普通的反相器，在输入为 0 时，NMOS 晶体管截止，PMOS 晶体管导通，输出电压是高电平逻辑 1；在输入为 1 时，NMOS 晶体管导通，PMOS 晶体管截止，输出电压是低电平逻辑 0。因此无论 CMOS 反相器处于这两种逻辑中的哪一个状态，两个 MOS 晶体管中始终有一个导通，另外一个截止，没有在电源和地之间的通路，也没有电流流入栅极，因此静态功耗是 0。

如果考虑扩散区和衬底之间的反向漏电流，则它将产生很小的静态功耗。此时 CMOS 反相器的静态功耗就是器件的反向漏电流和电源电压的乘积。在室温情况下，合理的估计值是允许每个门的反向漏电流为 $0.1 \sim 0.5$ nA，那么 CMOS 门电路总的静态功耗为

$$P_D = \sum_n \text{反向漏电流} \times \text{电源电压} \tag{4-13}$$

式中，n 为器件的数目。对于反相器，若电源电压是 5V，则由于反向漏电流所造成的静态功耗的典型值是 $1 \sim 2$ nW。

（2）动态功耗　在从 0 到 1 或者从 1 到 0 瞬变过程中的一个很短的时间间隔内，NMOS 晶体管和 PMOS 晶体管都处于导通状态。这将导致一个从电源 V_{DD} 到地的窄电流脉冲，由它引起的功耗叫交变功耗 P_A，其功耗大小取决于负载电容和门的设计。为了对输出端负载电容进行充电和放电，也要求有电流流动，由它引起的功耗叫瞬态功耗 P_T。

1）瞬态功耗。假设输入端 V_I 是重复频率为 $f_P = 1/t_P$ 的脉冲信号，且阶跃输入的上升时间和下降时间比其重复周期小很多，在这个输入电压作用下，开关动作消耗的平均动态功耗 P_S 近似为 P_T。

$$P_T = \frac{1}{t_P}\int_0^{t_P/2} i_N(t)V_O dt + \frac{1}{t_P}\int_{t_P/2}^{t_P} i_P(t)(V_{DD} - V_O)dt$$

式中，t_P 是方波的周期；i_N 为 NMOS 晶体管的瞬时电流；i_P 为 PMOS 晶体管的瞬时电流。

在阶跃输入下，并考虑到 $i_N(t) = -C_L\frac{dV_O}{dt}, i_P(t) = -C_L\frac{d(V_{DD} - V_O)}{dt}$，可以得到

$$P_T = \frac{C_L}{t_P}\int_0^{V_{DD}} V_O dV_O + \frac{C_L}{t_P}\int_0^{V_{DD}}(V_{DD} - V_O)d(V_{DD} - V_O) = \frac{C_L V_{DD}^2}{t_P} = C_L V_{DD}^2 f_P \tag{4-14}$$

上式表明瞬态功耗与开关频率成正比，而与器件的参数无关。

2）交变功耗。当电路工作频率升高时，交变功耗 P_A 增大，不容忽视（高速电路的交变功耗 P_A 与瞬态功耗 P_T 近似）。

一个周期 t_P 内的平均交变功耗 P_A 为 $P_A = \frac{1}{t_P}\int_0^{t_P} i'V_{DD} dt$ $\tag{4-15}$

式中，i' 为交变电流。

近似计算时可以假设交变电流 i' 的波形为三角形，此时 P_A 可以近似为

$$P_A \approx \frac{1}{2} f_P V_{DD} I'_{max} (t_r + t_f) \tag{4-16}$$

式中，I'_{max} 为交变电流的峰值。

实际中为便于分析，可以针对交变功耗定义一个"非负载功耗等效电容 C_{PD}"，于是 P_A 可以改写为

$$P_A \approx C_{PD} f_P V_{DD}^2 \tag{4-17}$$

4.1.4　电路模拟

生产芯片成本非常昂贵，也非常耗时，即使是试做样品数量很少，也要花费和批量生产差不多的成本。因此在投片之前，设计者要利用模拟工具来分析设计电路并对设计进行验证，以保证所设计的电路符合设计者的要求。

目前进行模拟的工具比较多，针对电路功能和性能的模拟器主要包括电路模拟器和逻辑模拟器。电路模拟器（Circuit Simulator，如 SPICE）使用器件模型和电路网表（Netlist）对电路中影响芯片性能和功耗的电压和电流等因素加以预测；逻辑模拟器（Logic Simulator）能够对数字电路的逻辑功能加以预测，广泛用于验证用 HDL 设计的逻辑功能的正确性。

其中针对电路模拟的模拟器主要是 SPICE（Simulation Program with Integrated Circuit Emphasis，以集成电路为重点的模拟程序）模拟器，该模拟器最初于 20 世纪 70 年代在伯克利开发完成。它能够求解由晶体管、电阻、电容以及电压源等分量组成的非线性微分方程。SPICE 模拟器提供了许多对电路进行分析的方法，但数字 VLSI 电路设计者的主要兴趣在直流分析（DC Analysis）和瞬态分析（Transient Analysis）两种方法上，这两种方法能够在输入固定或实时变化的情况下对电路节点的电压进行预测。

SPICE 程序最初是用 FORTRAN 语言编写的，但只有商业版本的 SPICE 才具有更强的数值收敛性。SPICE 在工业领域的应用非常广泛，能够支持最新的器件和互连模型，同时还提供了大量的增强功能来评估和优化电路。

SPICE 已经发展成若干个版本，但比较常用的有 HSPICE、TSPICE、PSPICE 和 SmartSPICE 等，其基本的工作模式是一样的：读入一个输入文件（一般是电路网表文件），生成一个包括模拟结果、警告信息和错误信息的列表文件。输入文件包含一个由各种组件和节点组成的电路网表，也包含了一些模拟选项、分析指令及器件模型等。输出文件一般包括基本的结果数据，也可以利用指令输出所需要的图形数据，方便读者观察。设计者只要学会其中的一种 SPICE 模拟器就可以进行集成电路的模拟设计，同时也可以很容易地学会其他几种 SPICE 模拟器。

4.2　电路逻辑设计

任何集成电路，不管其集成规模多大，都是由基本的逻辑电路组成的，只不过在组成的过程中先由基本的逻辑单元组成复杂的逻辑单元，再由复杂的逻辑单元组成更复杂的逻辑单元。当一个较复杂的逻辑单元可以单独实现比较大的逻辑功能时，可以称其为子系统。子系

统可以在其他设计中直接利用。本节主要讲述基本逻辑设计和复杂逻辑设计（子系统的设计）。

4.2.1　MOS 晶体管的串、并联

宽长比是 MOS 器件的一个非常重要的参数，不仅决定器件版图的形状和尺寸，同时也影响器件的性能。

在实际的设计中如果想改变晶体管的宽长比，可以改变晶体管具体的宽度值和长度值，但是当将来流片的工艺确定以后，其 MOS 晶体管的最小沟道长度值很难改变。如果利用标准单元布局布线方法设计版图，其 MOS 晶体管的沟道宽度也是预先由工艺厂家设计好的，电路设计者很难去改变其沟道宽度的数值。此时可以利用 MOS 晶体管的串联和并联来改变其宽长比，以得到所需要的晶体管（一般是宽长比比较大的晶体管）。

1. 串联

如果把两个一样的 MOS 晶体管（宽长比为 W_0/L_0）串联，即把两个晶体管的一个漏极和另一个源极连接在一起，并把两个栅极连接在一起，则连接后的宽长比近似为

$$\frac{W}{L} = \frac{1}{2}\frac{W_0}{L_0} \tag{4-18}$$

多个 MOS 晶体管串联后的等效导电因子为

$$\beta_{\mathrm{eff}} = \frac{1}{\sum\limits_{i=1}^{n} 1/\beta_i} \tag{4-19}$$

2. 并联

如果把两个一样的 MOS 晶体管并联，即把两个晶体管的漏极和漏极连接，源极和源极连接，并把两个栅极连接在一起，则连接后的宽长比近似为

$$\frac{W}{L} = 2\frac{W_0}{L_0} \tag{4-20}$$

多个 MOS 晶体管并联后的等效导电因子为

$$\beta_{\mathrm{eff}} = \sum\limits_{i=1}^{n} \beta_i \tag{4-21}$$

4.2.2　传输门

1. 传输管

单个 MOS 晶体管可作为开关使用，因此可以用来传输信号，作为传输信号用的单个 MOS 晶体管又称为传输管。传输管正常工作时栅极接有效电平。对于 NMOS 晶体管，其栅极接高电平 V_{DD}，对于 PMOS 晶体管其栅极接低电平 GND。下面以 NMOS 晶体管为例来简单分析传输管的工作过程。

（1）传输低电平　当输入信号为低电平时，开始传输低电平的过程。NMOS 晶体管传输低电平 0 的示意图如图 4-8 所示，此图为晶体管的初始工作状态，开始时，输入端 $V_\mathrm{I} = V_\mathrm{S} = 0$，$V_\mathrm{O} = V_{\mathrm{DS}} = 1$，此时 $V_{\mathrm{GS}} = V_{\mathrm{DD}}$，管子正常开启导通，$V_{\mathrm{DS}} = V_{\mathrm{DD}}$，满足晶体管饱和的条件，即管子处于饱和导通状态，负载电容通过沟道进行放电，输出端电位降低，即 V_O 开始降低；

当 V_O 降低到 $V_{DD} - V_{TN}$ 时，即 $V_{DS} = V_{GS} - V_{TN}$ 时，晶体管开始处于临界饱和状态，负载电容继续通过沟道进行放电，V_O 继续降低；当 V_O 小于 $V_{GS} - V_{TN}$ 时，晶体管开始处于线性工作状态，负载电容继续放电，V_O 一直减小。直到 V_O 减小到 0，即 $V_{DS} = V_O - V_I = 0$ 时，沟道中才没有电流流过。因此 NMOS 晶体管传输低电平时，输出端可以输出为强 0。

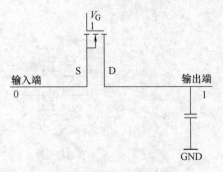

图 4-8　NMOS 晶体管传输低
电平 0 的示意图

考虑线性工作区的电流公式［式（3-9）］，也可以分析 NMOS 晶体管传输低电平的过程。

（2）传输高电平　当输入信号为高电平时，开始传输高电平的过程。NMOS 晶体管传输高电平 1 的示意图如图 4-9 所示，此图为晶体管的初始工作状态，开始时，$V_I = V_{DD} = 1$，$V_O = V_S = 0$，此时 $V_{GS} = V_{DD}$，晶体管正常开启导通，$V_{DS} = V_{DD}$，满足晶体管饱和的条件，即晶体管处于饱和导通状态，负载电容通过沟道进行充电，输出端电位升高，即 V_O 开始升高；随 V_O 的升高，$V_{DS} = V_I - V_O$ 开始下降，但不管 V_O 怎么升高，都满足饱和导通的条件，即 $V_{DS} = V_{DD} - V_O > V_{GS} - V_{TN} = V_{DD} - V_O - V_{TN}$ 始终成立，晶体管一直处于饱和导通的状态，V_O 继续升高；当 V_O 升高到 $V_{DD} - V_{TN}$ 时，此时 $V_{GS} = V_G - V_S = V_{DD} - (V_{DD} - V_{TN}) = V_{TN}$，晶体管处于临界截止状态，晶体管中没有电流流过。因此传输高电平时，输出端电压最高只能为 $V_{DD} - V_{TN}$。

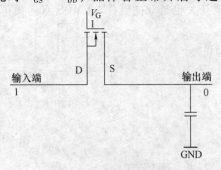

图 4-9　NMOS 晶体管传输
高电平 1 的示意图

考虑饱和工作区的电流公式［式（3-10）］，也可以分析 NMOS 晶体管传输高电平的过程。

2. 双管传输门

根据前面讲过的内容可以知道，单管传输信号时对不同的信号有不同的传输效果。在实际的电路中信号有可能出现任意一种情况，因此要求传输电路能传输任一种信号。为了保证传输电路能传输任一种信号，可以采用将一个 NMOS 晶体管和一个 PMOS 晶体管并联的方式（此并联与前面的 MOS 晶体管并联形成一个晶体管不同），并联后该传输电路既能传输高电平信号 1，又能传输低电平信号 0。

这种传输电路称为双管传输门，CMOS 传输门电路和符号如图 4-10 所示。

当在控制端 C 加 0，在 $\bar{C}$ 端加 V_{DD} 时，只要输入信号的变化范围不超出 $0 \sim V_{DD}$，则 V_1 和 V_2 同时截止，输入与输出之间呈高阻态（ $> 10^9 MΩ$），传输门截止。

反之，若 $C = V_{DD}$，$\bar{C} = 0$，而且在 R_L（等效负载电阻）远大于 V_1、V_2 导通电阻的情况下，则当 $0 < V_I < V_{DD} - V_{TN}$ 时 V_1 将导通，而当 $|V_{TP}| < V_I < V_{DD}$ 时 V_2 导通。因此，V_I 在 $0 \sim V_{DD}$ 之间变化时，V_1 和 V_2 至少有一个是导通的，使 V_I 与 V_O 两端之间呈低阻态（小于 $1 kΩ$），传输门导通。

由于 V_1、V_2 管的结构形式是对称的，即漏极和源极可互换使用，因而 CMOS 传输门属于双向器件，它的输入端和输出端也可以互易使用。

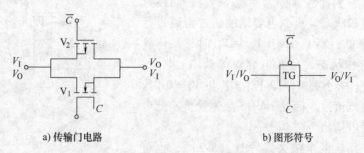

a) 传输门电路　　　　　　　　　　　b) 图形符号

图 4-10　CMOS 传输门电路和图形符号

　　传输门的一个重要用途是作模拟开关，它可以用来传输连续变化的模拟电压信号。模拟开关的基本电路由 CMOS 传输门和一个 CMOS 反相器组成，如图 4-11 所示。当 $C=1$ 时，开关接通，$C=0$ 时，开关断开，因此只要一个控制电压即可工作。和 CMOS 传输门一样，模拟开关也是双向器件。CMOS 双向模拟开关如图 4-11 所示。

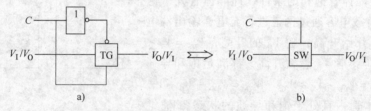

a)　　　　　　　　　　　　　　b)

图 4-11　CMOS 双向模拟开关

4.2.3　逻辑门

　　在 CMOS 反相器的基础上可以构成各种 CMOS 逻辑门。

1. 与非门

　　CMOS 与非门逻辑电路和逻辑符号如图 4-12 所示。其中图 4-12a 是逻辑电路，图 4-12b 是逻辑符号，它由四个 MOS 晶体管组成。N1、N2 为两只串联的 NMOS 晶体管，P3、P4 为两只并联的 PMOS 晶体管。当输入 A、B 中有一个或者两个均为低电平时，N1、N2 中有一个或两个截止，输出 F 总为高电平。只有当 A、B 均为高电平输入时，输出 F 才为低电平。设高电平为逻辑 1，低电平为逻辑 0，则输出 F 和输入 A、B 之间是与非关系。

2. 或非门

　　CMOS 或非门逻辑电路和逻辑图形符号如

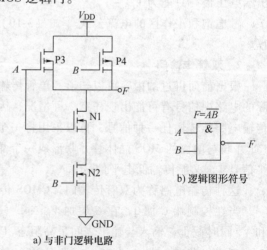

a) 与非门逻辑电路

图 4-12　CMOS 与非门逻辑电路和逻辑图形符号

图 4-13 所示。其中图 4-13a 是逻辑电路，图 4-13b 是逻辑图形符号。它由四个 MOS 晶体管组成。N1、N2 为两只并联的 NMOS 晶体管，P3、P4 为两只串联的 PMOS 晶体管。当输入 A、B 中有一个或者两个均为高电平时，N1、N2 中有一个或两个导通，输出 F 总为低电平。只有当 A、B 均为低电平输入时，输出 F 才为高电平。设高电平为逻辑 1，低电平为逻辑 0，

则输出 F 和输入 A、B 之间是或非关系。

3. 三与非门

根据 CMOS 与非门的逻辑电路可以画出三与非门的逻辑电路，CMOS 三与非门的逻辑电路如图 4-14 所示。它由六个 MOS 晶体管组成。N1、N2 和 N3 为三只串联的 NMOS 晶体管，P4、P5 和 P6 为三只并联的 PMOS 晶体管。当输入 A、B 和 C 中有一个或者多个均为低电平时，N1、N2 和 N3 中有一个或多个截止，输出 F 总为高电平。只有当 A、B 和 C 均为高电平输入时，输出 F 才为低电平。设高电平为逻辑 1，低电平为逻辑 0，则输出 F 和输入 A、B、C 之间是三与非关系。

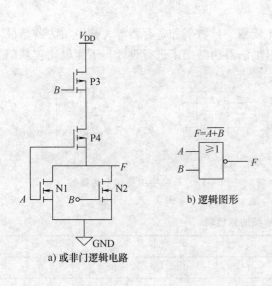

图 4-13　CMOS 或非门逻辑电路和逻辑图形符号

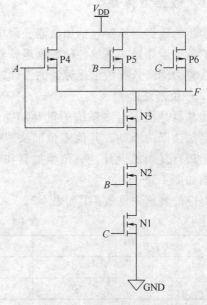

图 4-14　CMOS 三与非门的逻辑电路

4. 异或门

异或门的表达式为 $F = A \oplus B = A\overline{B} + \overline{A}B = \overline{\overline{A+B}+AB}$。

学生自己试着画出对应的逻辑电路。

4.2.4　时钟

同步系统在区分当前步骤、前一步骤及下一步骤时使用时钟。在理想情况下，时钟应该同时到达系统中的所有钟控单元。由于信号在传输的过程中存在延迟，而信号又必须相互协调才能正常工作，因此必须对延迟进行处理。延迟的处理主要有两种常用的方法。一种方法是时钟定时，即增加信号的延迟，使所有的延迟全部相等；另一种方法是自定时信令，即使所有信号在最后一个到达前都处于等待状态。

钟控单元包括锁存器和触发器、存储器和动态门。在实际中，时钟到达各点的时间稍微有些差别，这个差别叫时钟偏斜（Clock Skew）。系统时钟设计中最核心的挑战是如何将系统时钟送到芯片的各个钟控元器件，并在时钟偏斜、功耗、资源利用率和设计代价中找到一个可以接受的折中方案。

4.3　子系统设计

CMOS 系统的设计过程就是系统划分的过程，即将系统划分成一系列的子系统。大多数的芯片都可以划分为以下几个子系统：数据通路运算器、存储单元、控制电路和专用单元（I/O 等）。系统设计实际上是在速度、密度、可编程性、设计的难易和其他参变量之间的折中问题。

4.3.1　数据运算器

常用的数据运算器包括加法器、乘法器、比较器、计数器和寄存器等，其中加法器是最基本的数据运算器，其他各种数据运算器可以以加法器为基础来进行设计。下面以比较基础的加法器为例来分析数据运算器的设计过程。

1. 一位加法器

加法器是构成很多系统的重要部件。一位加法器是加法器的基础，其他多位加法器可以在此基础上进行复杂的设计。一位半加器和全加器的示意图如图 4-15 所示。

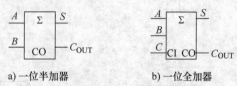

a) 一位半加器　　　　b) 一位全加器

图 4-15　一位半加器和全加器的示意图

对应的真值表见表 4-1 和表 4-2。

表 4-1　一位半加器的真值表

A	B	C_{OUT}	S	A	B	C_{OUT}	S
0	0	0	0	1	0	0	1
0	1	0	1	1	1	1	0

表 4-2　一位全加器的真值表

A	B	C	C_{OUT}	S	A	B	C	C_{OUT}	S
0	0	0	0	0	0	0	1	0	1
0	1	0	0	1	0	1	1	1	0
1	0	0	0	1	1	0	1	1	0
1	1	0	1	0	1	1	1	1	1

其中 A、B 是加法器的输入，C 是上一级进位输入，S 是和输出，C_{OUT} 是进位输出。

因为 A 和 B 相加后结果可能是 0、1、10（二进制），因此表示结果需要两位二进制数，分别称为 S（Sum，本位和）和 C_{OUT}（Carry-Out，向高位的进位）。

根据上面的真值表，我们可以得出一位半加器的逻辑表达式：

$$S = A \oplus B$$
$$C_{OUT} = AB$$

(4-22)

根据此表达式可以直接利用前面学过的知识点设计出对应的电路图。由表达式可以看出，一个一位半加器由一个异或门和一个与门实现，此处不再详细讲解。一位半加器的门级电路如图 4-16 所示。

同样道理，也可以根据一位全加器的真值表化简出一位全加器的表达式，进而根据表达式设计出对应的电路图。

一位全加器的逻辑表达式：

$$C_{\text{OUT}} = AB\overline{C} + \overline{A}BC + A\overline{B}C + ABC$$
$$S = \overline{A}\,\overline{B}\,\overline{C} + A\overline{B}\,\overline{C} + \overline{A}B\overline{C} + ABC$$

(4-23)

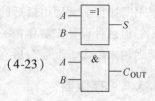

图 4-16　一位半加器
的门级电路

此表达式可以进一步化简得到对应的简化表达式。

$$C_{\text{OUT}} = AB + (A \oplus B)C$$
$$S = A \oplus B \oplus C$$

(4-24)

不管如何化简，表达式的最终形式都比较复杂，需要很多基本逻辑门来实现。

其实我们完全可以利用刚才设计好的一位半加器来实现一位全加器。分析一位全加器的加法过程可以知道，一位全加器的加法过程相当于三个一位半加器的加法过程。一位全加器的运算过程如图 4-17 所示。

根据图 4-17 所示一位全加器的运算过程，可以很容易地设计出对应的逻辑图，一位半加器组成的一位全加器的示意图如图 4-18 所示。

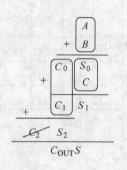

图 4-17　一位全加器的运算过程　　　　图 4-18　一位半加器组成的一位全加器的示意图

在图 4-18 中，一位全加器由三个一位半加器组成，大家注意，第三个一位半加器的进位输出端没有连接，也就是第三个一位半加器的电路没有全部用到，因此在此电路中，第三个一位半加器可以用一个异或门代替（因为一位半加器的和 S 为输入端的异或）。

在实际的设计中，一位全加器有很多种设计方法，例如可以采用传输门和异或门来设计一位全加器。此处不再详述，读者可以去查阅相关的资料文献。

2. n 位加法器

在实际的电子系统中，其运算单元一般是进行多位二进制数的运算。例如，常见的 32 位 CPU 中的运算单元可以进行 32 位二进制数的运算，此时就要用到多位加法器。

比较常规的多位加法器设计过程如下：一个 n 位加法器可以由 n 个一位全加器串联构成，多位加法器的示意图如图 4-19 所示。在设计这种电路的过程中，一定要注意最终的结

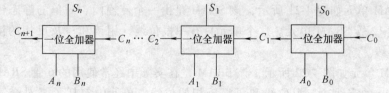

图 4-19　多位加法器的示意图

果书写顺序。此图中最后的加法结果为 $C_{n+1}S_n\cdots S_1S_0$。

但这种设计方法存在一个问题，就是随着串联一位全加器的增多，信号在传输过程中的延迟越来越大，反而会影响电路的性能。

4.3.2 存储器

存储器是各种电子系统中数据的主要存储部件，并广泛应用于各种电子设备中。在 CMOS 集成电路中，存储器经常占用半数以上的晶体管。对半导体存储器的基本要求是高密度、大容量、高速度和低功耗。

存储器按功能可以分为只读存储器（Read-Only Memory，ROM）和随机存取存储器（Random-Access Memory，RAM），其中只读存储器又可以分为掩膜编程 ROM 和现场可编程 ROM（PROM、EPROM 和 EEPROM），随机存取存储器又可以分为 SRAM 和 DRAM。

1. ROM

在 ROM 单元中，进行存储的每一位可以仅仅用单个晶体管构成。ROM 是属于一种非易失性的存储器结构，即使没有电源，其原有状态也可以长期保存。ROM 阵列一般是利用单端的或非阵列来实现，而在或非阵列中使用的是已经研究过的一些或非门结构，包括伪 NMOS 和无足动态或非门。

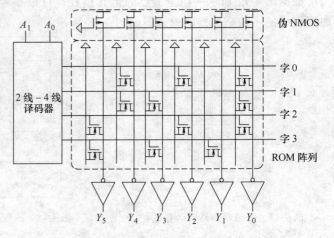

图 4-20   伪 NMOS ROM

伪 NMOS ROM 如图 4-20 所示，该 ROM 为一个 4 字 ×6 位的 ROM，在这个 ROM 中使用了伪 NMOS 上拉结构，ROM 中存储的内容如下：

字 0：010101   字 1：011001   字 2：100101   字 3：101010

对于利用掩膜编程 ROM 来说，配置方法有两种：一种方法是有晶体管的地方表示存储的是 1，没有晶体管的地方表示存储的是 0，或有晶体管但没有连接的地方表示存储的是 0；另一种方法是对于不需要的晶体管通过离子注入使阈值电压高于电源电压，使其处于永久的关断状态。

2. SRAM

静态 RAM（Static RAM，SRAM）是 RAM 中的一种，其基本构造是 SRAM 存储单元。通过升高字线的电平触发存储单元，再通过位线对所触发的存储单元进行读出和写入。

12 管 SRAM 单元如图 4-21 所示，该 SRAM 是由一个传输门、简单的静态锁存器和三态反相器构成的 12 管 SRAM 单元。这个单元只有一根位线，用读和写及反相的读和写来取代唯一的一根字线。

6 管 SRAM 单元如图 4-22 所示，该 SRAM 是在实际中经常使用的 6 管 SRAM。这种单元使用了一根单一的字线、一根位线和一根反相的位线。单元中包括了一对交叉耦合的反相器，并且每根位线连接了一个存取 NMOS 晶体管。

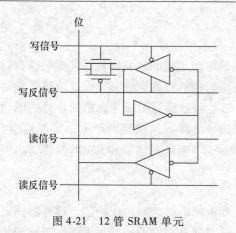

图 4-21 12 管 SRAM 单元

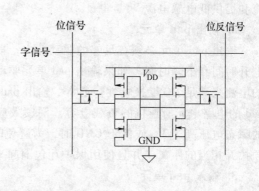

图 4-22 6 管 SRAM 单元

3. DRAM

动态 RAM（Dynamic RAM，DRAM）是利用电容电荷而不是反馈环路来存储信息的。这种动态 RAM 基本单元的面积比 SRAM 要小得多。但为了使所存储的内容不会因为电荷的泄漏而丢失，必须对单元进行周期性的读出和刷新。

单管 DRAM 单元和读操作如图 4-23 所示，该单管 DRAM 由一个 NMOS 晶体管和一个电容构成。它通过选中字线将电容连接到位线上实现对单元的访问。当进行读出操作时，首先将位线预充电到 $V_{DD}/2$，当字线的电平上升时，由于电容上存储的电荷在电容和位线之间共享，所以产生一个电压的变化量 ΔV，然后将这个

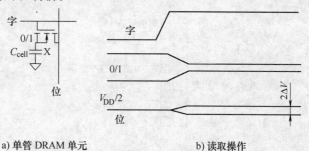

a) 单管 DRAM 单元　　　　b) 读取操作

图 4-23 单管 DRAM 单元和读操作

变化量放大读出。由于读出操作改变了单元在 X 点的电平，所以每次读出操作完成后必须对单元重新写入；当进行写入操作时，将位线的电平驱动为高或低，并且将位线上的电压强加到电容上。

4.3.3 I/O 子系统

输入/输出（I/O）子系统负责芯片与外部世界的通信。好的 I/O 子系统应该具有以下特性：①能驱动大电容的片外信号。②工作电压和其他芯片兼容。③能提供足够的带宽。④限制回转速率（Slew Rate）以控制高频噪声。⑤能提供过电压保护。⑥引脚数量尽可能要少（降低成本）。

I/O pad（压焊块）单元包含一个边长大约是 $100\mu m$ 的正方形顶层金属层（用来焊接键合线以连接到管壳）、ESD 保护电路和 I/O 晶体管。

基本 I/O pad 的种类包括电源 pad 和地 pad、输出 pad、输入 pad 和双向 pad。

1. 电源 pad 和地 pad 单元

电源 pad 和地 pad 单元就是简单的正方形顶层金属层，用来连接管壳和芯片内部的电源网络。大多数高性能芯片都使用超过半数的 pad 作为电源 pad 和地 pad，这样可以承载大电

流和提供低电感电源。

2. 输出 pad 单元

输出 pad 单元必须有足够的驱动能力，以保证能驱动给定的负载电容，并能获得合适的上升时间和下降时间。如果输出 pad 单元驱动的是电阻性的负载，它必须保证能够提供足够的电流来满足 DC 变换特性。通常，输出 pad 单元都要经过额外的缓冲，以减小片内驱动该pad 的电路单元所连接的负载电容。闩锁效应在输出 pad 单元周围特别严重，尤其是当 pad的瞬态电压高于 V_{DD} 或低于 GND 时，为避免闩锁效应，NMOS 晶体管和 PMOS 晶体管之间必须拉开相当的距离，并且使用保护环包围起来。

3. 输入 pad 单元

输入 pad 单元也包含反相器或缓冲器作为 pad 和内部电路之间的保护层。缓冲器同时也可以起到电平转换和噪声过滤的作用。有些输入 pad 单元还包含施密特触发器，带施密特触发器的输入 pad 单元如图 4-24 所示。施密特触发器具有磁滞效应，当输入为低时，它的阈值点就会上升；当输入为高时，它的阈值点就会降低。如果输入上升得很慢或者噪声很严重，利用这个特性就可以过滤掉毛刺。

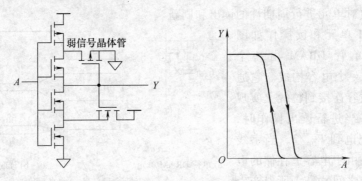

图 4-24　带施密特触发器的输入 pad 单元

4. 双向 pad 单元

双向 pad 单元电路如图 4-25 所示，包括一个可以变成三态的输出驱动单元和一个输入接受单元。输出驱动单元包含一对独立控制的 NMOS 晶体管和 PMOS 晶体管。当使能端为 1时，两个 MOS 晶体管有一个打开，处于 ON 状态；当使能端为 0 时，两个 MOS 晶体管都处于 OFF 状态，所以双向 pad 单元处于三态。

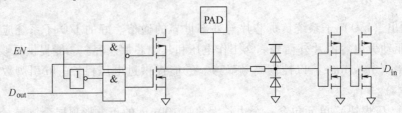

图 4-25　双向 pad 单元电路

4.4　设计自动化概述

集成电路产品开发主要包括设计和制造。在设计阶段要遵循一定的方法和模式，将用户的需求明确并转化为物理版图。而设计过程中除了考虑用户的要求外还要考虑性能、成本、上市时间和可测试性等方面。

4.4.1 系统设计方法

设计方法可以简单地分为手工设计、半自动设计和自动设计；还可以分为正向设计和逆向设计，正向设计是从电路功能开始到得到物理版图的设计方法，逆向设计是指从物理版图分析开始到得到逻辑电路并重新设计物理版图的设计方法。

1. 结构化设计思想

设计所能达到的生产效率在很大程度上影响着集成电路的生存能力，而设计的效率又取决于设计过程中的转化效率，主要包括概念到结构的转化、结构到逻辑模块的转化、逻辑结构到逻辑电路的转化和逻辑电路到物理版图的转化。一个好的 VLSI 设计系统在三个描述域（行为域、结构域及物理域）和抽象级（结构级或功能级、寄存器传输级（Register Transfer Level，RTL）及电路级）上应该是完全一致的，根据应用的不同，可以在不同的方面进行度量，如性能方面（速度、功耗、功能及灵活性）、芯片尺寸（费用）、设计时间（进度）、验证的简便性和可测试性等。描述域和抽象级之间的关系——Gajski-Kuhn Y 图如图 4-26 所示。

简化设计过程的方法是使用约束和抽象，使用约束可以实现设计过程自动化，使用抽象可以压缩细节，从一个简单的目标进行处理。

就设计方法而言，结构化的设计方法非常适合处理设计复杂性方面。结构化的设计方法一般主要包括以下几个方面：层次化、模块化、规则化和局部化。层次化设计时，可以将一个系统划分成多个模块，然后对每一个模块进行进一步划分，直到可以详细理解各个子模块的复杂性为止。规则化的设计原则可以用于设计层次的各个层，在电路级可以使用同样尺寸的晶体管，在门级可以使用固定高度、可变长度的逻辑门。规则化的设计方

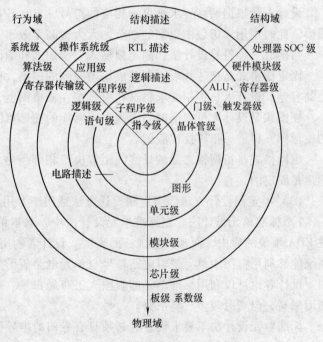

图 4-26 Gajski-Kuhn Y 图

法可以辅助验证，减少需要验证的子部件的数量。模块化原则规定模块必须具有明确定义的功能和接口。局部化目前指时间局部化，或者是指遵守某种时钟或时序协议。时间局部化的关键问题之一是让所有的信号都参考一个时钟，因此要指明输入信号与时钟边沿相关的建立时间和保持时间，输出信号与时钟边沿相关的延迟时间。

2. 设计方法

设计方法与设计和实现系统所需的时间和费用有明显的关系。为了选择合适的设计方

案，理解某种实现技术的成本、性能和限制是很重要的。

从具体的逻辑功能特点上，集成电路可以分为通用集成电路和专用集成电路（Application Specific Integrated Circuit，ASIC）。ASIC又可以分为全定制集成电路和半定制集成电路。

（1）全定制设计方法　全定制设计方法（Full-Custom Design Approach）是指利用人机交互图形系统，由设计人员从每个半导体器件的图形和尺寸开始设计，直至整个版图的布局和布线。

全定制设计的特点是针对每个元器件进行电路参数和版图参数的优化，它往往采用自由格式的版图设计规则进行设计，并且由设计者不断完善版图设计，以使每个元器件及其内部连接安排得最紧凑、最合理。这样就可以得到最佳的性能（包括速度和功耗）以及最小的芯片面积，有利于提高集成度和降低生产成本。它适用于要求高速度、低功耗和小面积的设计。

这种设计方法还要求有完整的检查和验证工具，同时要求设计者具有微电子技术和生产工艺方面的专业知识以及一定的设计经验。

这种设计方法的缺点是设计周期很长，查错困难较大，且设计费用高。

（2）符号设计法　符号设计法版图是利用一组预先定义好的符号来表示版图中的晶体管、接触孔和金属线等。

设计人员根据网络要求画出一相应的符号，自动转换程序将元件对应的符号转换为版图图形。此时不用考虑版图规则的细节，大大提高了效率。

目前有三种符号设计法：固定栅格式、梗图式和虚网格式。

固定栅格式是把芯片表面划分成均匀间隔的栅格，栅格大小表示最小的特征尺寸或布局上的容差。设计人员根据要求将这些符号画在栅格图上，经自动转换得到版图。

梗图式是设计人员根据网络图画出一对应的梗形草图，符号设计法系统将其整理成规则的梗形图，再进一步转换成版图。

虚网格式是指网格之间的最终间距取决于相邻网格之间电路元器件的密度和相互关系，不再是固定的。

（3）半定制设计方法　半定制设计方法适用于专用集成电路ASIC。

1）标准单元设计法。在标准单元设计法中，基本单元电路的版图是预先设计好的，放在EDA系统的库中，而且具有统一的高度。设计者利用EDA系统绘制电路框图，然后EDA系统能够利用框图中单元逻辑电路符号与单元电路版图的对应关系，自动布局布线，得到版图。设计者也可以利用标准单元的版图人工布局布线。一般来说，人工布局布线的硅片面积利用率高，但费时较多，易出错。

标准单元设计法不要求设计者必须具有专门的半导体工艺知识。

2）门阵列设计方法。门阵列设计方法是在一个芯片上把逻辑门排列成阵列形式，每个门具有相同的版图形状，门与门之间暂时不相连，因此构成一个未完成的逻辑阵列。严格地讲，门阵列是把单元排列成阵列形式，每个单元内有若干器件，通过连接单元内器件使每个单元实现某种类型门的功能，并通过各单元之间的连接实现电路的要求。

由于芯片内的单元是相同的，所以可采用统一的掩膜，而且可以完成连线以外的所有芯片的加工步骤，这样的芯片可以大量制造并保存起来，所以生产周期缩短约一半，成本大大下降。

（4）可编程逻辑器件 可编程逻辑器件的发展基本上经历了 PLA→PAL→GAL→EPLD →CPLD→FPGA 的过程，其中目前常用的 CPLD 和 FPGA 由于集成度高也可称为高密度可编程逻辑器件。

1）CPLD。CPLD（Complex Programmable Logic Device，复杂可编程逻辑器件）是 EPLD 的改进，规模更大，结构更复杂。CPLD 包括可编程逻辑宏单元、可编程 I/O 单元和可编程内部连线。有些 CPLD 还集成了 RAM 等。

2）FPGA。FPGA（Field Prommable Gate Array，现场可编程门阵列）的规模可以做得很大，其逻辑功能单元不限于逻辑门，可以具有较复杂的功能。

FPGA 实现的功能由逻辑结构的配置数据决定，工作时这些数据

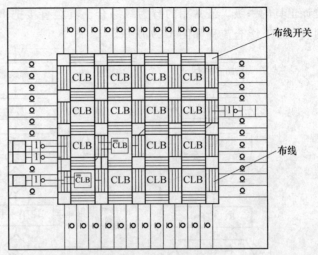

图 4-27　简化的 FPGA 布局规划

存放在芯片内部的 SRAM 或熔丝图上。FPGA 设计过程由专门的设计软件来实现，最后生成一个用来对 FPGA 器件进行编程的文件。FPGA 器件的配置数据可以存放在芯片外部的 EPROM 或其他存储器上，设计人员可以控制芯片的加载过程并现场修改器件的逻辑功能，因此称为现场可编程。

FPGA 主要包括输入输出模块（Input Output Block，IOB）、可配置逻辑模块（Configurable Logic Block，CLB）和可编程互连总线（Programmable Interconnect，PI），简化的 FPGA 布局规划如图 4-27 所示。三个部分都可以改变，因此改变 FPGA 器件实现的功能可以通过改变连接或内部逻辑单元来实现。

4.4.2　数字系统设计自动化

1. 设计流程

设计流程是一组过程，能够帮助设计者无差错地从芯片的设计规范开始设计直到实现最终的芯片。

通用设计流程如图 4-28 所示。设计流程从行为级开始，然后进入结构级（门和寄存器），这一步称为行为级综合或 RTL 综合，因为在 RTL 级是使用硬件描述语言（Hardware Description Language，HDL）进行设计的。然后将这种设计描述转换成用于芯片生产的物理描述，这一步称为物理综合，或版图生成。

在图 4-28 中，设计被划分成了前端的行为级和后端的结构与物理级。在 ASIC 设计过程中，设计者可以在完成 HDL

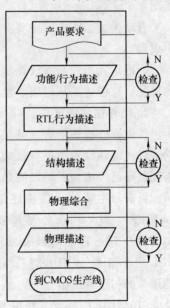

图 4-28　通用设计流程

级设计后把 HDL 设计交给另外的公司，将设计转化为真正的芯片。

（1）行为级综合　在行为级，我们在描述操作系统特征的时候不需要指定其实现方式。行为级是与具体的实现细节相关性最小的一级，而要想获得较好的设计，行为级也是最依赖设计工具的一级。最常用的行为级综合工具会直接把 RTL 行为描述转化为门级、触发器级网表。RTL 综合流程如图 4-29 所示。

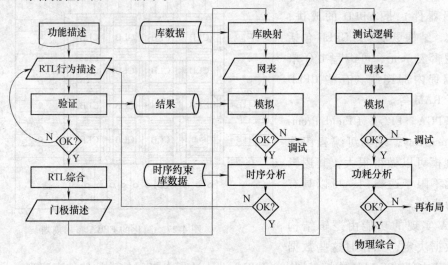

图 4-29　RTL 综合流程

提供行为级综合常用工具的公司有 Synopsys、Cadence、Design System、Mentor Graphics 和 Synplicity 等。

（2）物理综合　物理综合，又叫版图生成，是将设计转化为可用于制造数据的最后一步，它把一个设计从结构域转换到物理域。它对门级、触发器级网表进行处理，并产生物理版图。

自动生成版图方法主要有两种：一种是使用标准单元进行布局布线，另一种是使用软件生成器。

标准单元布局布线设计流程如图 4-30 所示，图中给出了一种标准的布局布线版图生成的流程，它描述了从门级、触发器级及其互连的结构级网表开始的设计过程。

2. 硬件描述语言

所谓硬件描述语言，就是可以描述硬件电路的功能、信号连接关系及定时关系的语言，它可以比电路原理图更有效地表示硬件电路的特性。随着 EDA 技术的发展，使用 HDL 设计集成电路已经成为一种发展趋势。

目前最主要的硬件描述语言是美国国防部开发的 VHDL（VHSIC Hardware Description Language）和 Verilog 公司开发的 Verilog HDL。VHDL 发展得较早，语法严格，而 Verilog HDL 是在 C 语言的基础上发展起来的一种硬件描述语言，语法较自由。VHDL 和 Verilog HDL 两者相比，VHDL 的书写规则比 Verilog HDL 烦琐一些，但 Verilog HDL 自由的语法也容易让一些初学者出错。

（1）HDL 的特点　利用 HDL 设计系统硬件的方法，归纳起来有以下特点：

1）采用自上而下（Top Down）的设计方法。所谓自上而下的设计方法，就是从系统总

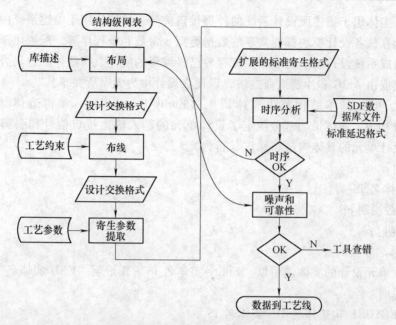

图 4-30 标准单元布局布线设计流程

体要求出发，自上而下逐步地将设计内容细化，最后完成系统硬件的整体设计。在利用 HDL 的硬件设计方法中，设计者将自上至下分成三个层次对系统硬件进行设计。

第一层次：行为描述。实质上是对整个系统的数学模型的描述。目的是在系统设计的初始阶段，通过对系统行为描述的仿真来发现设计中存在的问题。

第二层次：RTL 方式描述。这一层次称为寄存器传输描述，用行为方式描述的系统结构程序，直接映射到具有逻辑单元的硬件是很难的。系统采用 RTL 方式描述，才能导出系统的逻辑表达式，才能进行逻辑综合。

第三层次：逻辑综合。利用逻辑综合工具，将 RTL 方式描述的程序转换成用基本逻辑元件表示的文件。逻辑综合的结果相当于在人工设计硬件电路时，根据系统要求画出了系统的逻辑原理图。

2) 系统中可大量采用 ASIC 芯片。硬件设计人员在设计硬件电路时，无须受只能使用通用元器件的限制，而可以根据硬件电路的设计需要，设计自用的 ASIC 芯片或可编程逻辑器件。

3) 多层次仿真。在系统设计过程中进行了三级仿真，即行为层次仿真、RTL 层次仿真和门级层次仿真，从而可以在系统设计早期发现设计中存在的问题。

4) 降低了硬件电路设计难度。在用 HDL 设计硬件电路时，可以使设计者免除编写逻辑表达式或真值表之苦。

5) 主要设计文件是用 HDL 编写的源程序。用 HDL 的源程序作为归档文件具有资料量小、便于保存、继承性好和阅读方便等优点。

(2) VHDL 简介　VHDL 最开始是美国军方设计开发的，因此在实际使用的过程中语法要求比较严格。下面简单介绍一下 VHDL 的基本知识。

1) 概述。一个完整的 VHDL 程序通常包含实体 (Entity)、结构体 (Architecture)、配置 (Configuration)、包集合 (Package) 和库 (Library) 5 部分。前 4 部分是可分别编译的

源设计单元。实体用于描述所设计系统的外部接口信号；结构体用于描述系统内部的结构和行为；包集合存放各设计模块都能共享的数据类型、常数和子程序等。配置用于从库中选取所需单元来组成系统设计的不同版本；库存放已经编译的实体、构造体、包集合和配置。库可由用户生成或由 ASIC 芯片制造商提供，以便在设计中为大家所共享。

2）格式。电路基本结构都由实体说明（Entity Declaration）和构造体（Architecture Body）两部分构成。实体说明部分规定了设计单元的输入输出接口信号和引脚，而构造体部分定义了设计单元的具体构造和操作（行为）。

实体说明：

Entity 实体名 IS

［类型参数说明］；

［端口说明］；

END 实体名；

一个基本单元设计的实体说明以 "Entity 实体名 IS" 开始至 "END 实体名" 结束。

构造体说明：

ARCHITECTURE 构造体名 OF 实体名 IS

［定义语句］内部信号、常数、数据类型、函数等的定义；

BEGIN

［并行处理语句］；

END 构造体名；

一个构造体从 "ARCHITECTURE 构造体名 OF 实体名 IS" 开始至 "END 构造体名" 结束。

VHDL 有 3 种形式的子结构描述语句：BLOCK 语句结构、PROCESS 语句结构和 SUB-PROGRAMS 语句结构。

比较常用的是 PROCESS 语句，PROCESS 语句的基本格式如下。

［进程名］: PROCESS（信号 1，信号 2，…）

BEGIN

…

END PROCESS；

PROCESS 语句从 "PROCESS" 开始至 "END PROCESS" 结束。

（3）使用工具　VHDL 源代码编写完成之后，还需要对源代码进行操作，主要包括语法检查、功能检查等，此时就要用到一些 EDA 工具。下面简单列出常用的几种 EDA 工具。

1）ModelSim。ModelSim 是 Mentor Graphics 公司的模拟工具，可以实现对 VHDL 和 Verilog HDL 源程序的模拟，同时也支持混合模拟。

2）Active HDL。Active HDL 是 Aldec 公司的模拟工具，可以实现对 VHDL 和 Verilog HDL 源程序的模拟，同时也支持混合模拟。

4.4.3　系统测试

在设计 VLSI 时，从一开始就要考虑到测试问题，因为集成电路的可测试性往往与集成电路的复杂度成正比。随着 VLSI 的发展，电路日益复杂，测试问题就更突出了。

1. 可测试性设计

在进行集成电路设计时，不仅要使电路具有正确的功能，而且在生产过程中也要有较高的可测试性。

可测试性设计包括三个方面：①测试矢量生成设计，即在允许的时间内产生故障测试矢量或序列。②对测试进行评估和计算。③实施测试的设计，即解决电路和自动测试设备的连接问题。为此要把进行测试所必需的辅助电路也集成到整体电路中去。

2. 测试方法

目前比较常用的测试方法主要有内建自测试方法和边界扫描测试方法。

（1）内建自测试方法　可测试性设计的目标是使系统内部能够进行测试，即不仅能在测试设备上对系统进行测试，也能在系统内部对其进行测试（尽管系统的被测试部分与系统的其他部分保持互连）。在系统内部进行测试的方法叫内建自测试方法。

在设计一个系统时，设计一些附加的自动测试电路（内建自测试电路），与功能电路集成在同一个芯片上，完成芯片加工后就可以用自测试电路进行测试。这种电路要有两种工作模式：一种是自测试模式，另一种是正常工作模式。在正常工作模式时自测试电路不起作用。

（2）边界扫描测试方法　另一种测试方法是边界扫描测试方法，边界扫描测试方法扫描通道内的数据，这样每个 I/O 引脚的数据都可以进行读取。目前边界扫描已经成为一种普遍使用的测试方法。

可测试性设计是为了实现内部信号的可观测性和可控制性，边界扫描允许将系统内部的节点连接到一个多位的移位寄存器上，这些测试节点在测试开始时被预置，然后在测试序列的尾部观察这些测试节点的状态。扫描通道允许内部状态从系统内部沿扫描通道移出，将选定的节点接到一个长位数的移位寄存器上，这样测试节点能在测试开始时被预置，然后这些状态在测试序列的末尾被观测。

首先对扫描通道本身进行测试，其次对扫描通道间的逻辑隔离进行测试，最后，内部状态在测试模式沿扫描通道移出，与此同时输入一个新的测试序列。

3. 测试类别

测试可以分为三个类别。第一类测试用于验证芯片是否能执行其预定的功能，这类测试在流片之前进行，用于验证电路的功能，因此称为功能测试（Functionality Test）或逻辑验证（Logic Verification）；第二类测试针对第一批从生产线中返回的芯片，该类测试确认芯片能按照预定功能运行，并帮助调试任何出现的差异，称为硅片调试（Silicon Debug）。由于芯片可以在系统内进行全速测试，因此硅片调试比逻辑验证的应用更广泛。但与设计验证过程相比，由于设计者不能直观地接触到芯片的内部，因此硅片调试要求使用创造性的检测工作对失效原因进行定位；第三类测试用于验证芯片上的每个晶体管、门和存储单元的功能是否正确。在每个芯片制造好之后，在交付给客户之前运行该类测试，验证硅片是否彻底完整无缺，因此被称为制造测试（Manufacturing Test）。

小　　结

本章主要讲述了集成电路中单元电路的内容。首先介绍了基本单元反相器的结构和分类；其次介绍了 CMOS 反相器的结构、特性，并介绍了 CMOS 电路的基本常用参数；随后介绍了 CMOS 逻辑电路的基本设计过程，并进一步延伸到复杂子系统的设计过程；最后介绍了集成电路设计自动化的方法和流程。

习　题

4.1　简述常见反相器的类型。

4.2　简述 CMOS 反相器的低电平和高电平输入时两个 MOS 晶体管的工作状态。

4.3　简述 CMOS 电路的噪声容限的定义。

4.4　简述 CMOS 电路的上升时间和下降时间的定义和表达式。

4.5　简述 CMOS 电路功耗的组成。

4.6　简述单管传输门的工作过程，以 NMOS 晶体管传 0 和 PMOS 晶体管传 1 为例。

4.7　画出 CMOS 双向模拟开关的电路逻辑图。

4.8　设计一个 CMOS 逻辑门，实现功能 $F = \overline{A + B \cdot C}$。

4.9　设计一个 CMOS 逻辑门，实现功能 $F = \overline{A \cdot B + C}$。

4.10　设计一个 CMOS 逻辑门，实现同或功能。

4.11　简述系统时钟的钟控单元的组成。

4.12　简述两种处理时钟延迟的方法。

4.13　设计一个 CMOS 半加器，要求上升时间等于下降时间，写出设计过程。

4.14　利用一个已有的半加器设计一个全加器，画出逻辑框图。

4.15　利用一位全加器设计一个四位二进制数的加法器，画出逻辑框图。

4.16　简述图 4-21 中 12 管 SRAM 单元的工作原理。

4.17　简述图 4-23 中基本 DRAM 单元的工作原理。

4.18　简述输入和输出单元的基本要求。

4.19　简述结构化设计方法的几个主要方面。

4.20　简述标准单元设计方法和门阵列设计方法的主要区别。

4.21　简述 HDL 设计电路的主要特点。

4.22　简述 VHDL 源程序的主要组成部分。

4.23　简述集成电路设计中的主要测试类别。

第 5 章 版图基础

教学目标

- 掌握集成电路版图设计的概念和流程。
- 掌握集成电路版图设计规则的概念和内容。
- 了解集成电路版图电学规则的概念。
- 了解基本单元的版图草图。

在集成电路设计的过程中，不管是正向设计还是逆向设计，到最后都要涉及版图设计。

所谓集成电路版图设计就是根据电路参数的要求，在一定的工艺条件下，按照版图设计的有关规则，设计具体电路中各种元器件的图形和尺寸，然后进行排版和布线，从而设计出一套符合要求的光刻掩膜版，利用这套掩膜版，按一定的工艺流程投片，就可以制造出符合原电路设计指标的集成电路。

5.1 版图概述

5.1.1 版图设计基础

1. 版图设计流程

版图设计在集成电路设计中位于后端的位置，它是集成电路设计的最终目标，版图设计的优劣直接关系到芯片的工作速度和面积，因此版图设计在集成电路设计中起着非常重要的作用。

版图设计的流程是由设计方法决定的，版图设计方法可以从不同的角度进行分类，按照自动化程度，大致可分为三类：全自动设计、半自动设计和手工设计。不管哪一种设计方法，版图设计的一般流程如下：

规则：确定版图设计的基本尺寸和版图设计规则，主要由生产线的实际工艺水平决定。

划分：对于一个大的电路系统，我们通常把它划分为若干个子系统或模块，如果模块太复杂，还可以继续划分。

元器件：确定电路中各元器件的图形和尺寸，在版图设计规则确定之后，就可以根据电路的电参数，通过定性和定量分析，结合工艺实践，确定出电路中各元器件的图形和尺寸。

布局和布线：在电路隔离区划分和元器件图形尺寸确定之后，就可以根据电路的要求进行排版布线。先排出布局草图，然后进行反复比较并优化，最后绘制成比实际图形大若干倍的总图。

优化压缩：进一步优化布局以减小芯片面积。

对于不同的设计方法，版图设计的具体流程会有所不同。下面对三种版图设计的流程进行简单的说明。

（1）全自动版图设计 全自动版图设计方法是指通过计算机辅助设计工具利用电路的

结构级网表自动生成版图的设计方法。电路的门级网表可以通过对 RTL（寄存器传输级）代码进行综合得到。RTL 代码是指用硬件描述语言（VHDL 或 Verilog HDL）对电路逻辑进行描述的代码。

可以进行全自动版图设计的 EDA 工具主要有 Cadence 公司的 SE、Synopsys 的 Apollo 等。不同的设计工具其设计流程基本上相同。

全自动版图设计主要包括准备阶段、数据输入、布局规划、布局、布线、时序分析及布线后优化、版图验证、数据输出。

1）准备阶段。在版图设计开始之前，首先要做一些准备工作，包括对版图库的了解、检查结构级网表内容及时序约束文件。

标准单元库一般是由集成电路生产厂商提供，在设计的不同阶段需要使用库中单元不同类型的数据，并且这些数据的格式必须要符合每个阶段所使用的工具所要求的数据格式。类型相同且格式相同的数据分别组成各自独立的库文件，这些库文件的总和就构成了一个完整的设计库。

通常，厂商在提供设计库的同时，会在其中加入关于该库的使用说明文档，这些文档介绍库的内容和基本架构以及库的使用说明。在使用该库之前，必须仔细阅读这些说明文档，并根据文档的介绍检查库的内容是否有数据的缺失或错误。

一个完整的设计库包含的内容很多，其中有电路仿真和综合需要使用的数据文件，也有版图设计需要使用的数据文件。涉及版图设计的库文件主要有：布局布线时需要使用的 LEF 文件和 TLF 文件、版图验证时需要用到的库中单元版图数据文件和版图验证命令文件。

版图设计是从电路设计完成并综合产生结构级网表后开始的，在拿到电路设计人员提供的结构级网表后，不要急于使用，应首先检查一下该网表文件的内容，看是否有语法错误或其他书写方面的错误。为了避免因为网表文件书写方式问题影响到版图设计工作的运行，一般要定义一套比较严格的网表书写规则。例如，在书写规则中应该规定：在结构级网表文件中不允许有"无任何连接的节点"，不允许有"无驱动的输入引脚"，所有的命名只允许使用大小写英文字母、数字和下划线，所有命名的第一个字符必须是英文字母，所有命名的长度不能超过 1024 个字符等。

在自动布局布线阶段需要执行电路的时序分析（Timing Analysis）和时序优化（Timing Optimization），执行这些操作需要前端设计人员提供一个时序约束（Timing Constraint）文件（GCF 文件）。

2）数据输入。在自动布局布线开始阶段，首先需要将库文件、门级电路网表文件和时序约束文件读入自动布局布线的 EDA 工具中进行编译。

3）布局规划。在数据输入完成以后就开始进行布局规划。布局规划阶段需要根据电路门级网表来确定芯片的形状（高度和宽度之比）、大小，并放置输入/输出（I/O）单元、模块及布电源线。在布局规划阶段需要确定好的布局方案，在保证布线成功的前提下减少芯片的面积。

在放置输入/输出单元之前，应由电路设计人员提供管脚排列顺序，根据这个管脚排列顺序来放置。

在放置模块之前，需要和电路设计人员一起，根据运算数据的流向及各个模块的连接关系来确定每一个模块的形状及大体位置。在模块摆放的时候还要注意每个模块的引脚位置、方向、数量及相互之间的对应关系。在放置模块的时候一般先考虑较高层次的模块，然后根据该层模块的需要确定下一层子模块的形状和引脚位置。模块的摆放非常重要，它将在很大程度上影响后续工作。

在布电源线之前，应该先简单估算一下芯片的功耗，根据功耗可以计算出芯片的最大工作电流，有了最大工作电流，还需要知道单位宽度的金属层允许流过的最大电流是多少（这个值由生产厂家提供），然后用最大工作电流除以单位宽度的金属层允许流过的最大电流，再留一些余量就得到需要布的电源线的宽度。

4）布局。在上述步骤完成之后就可以进行自动布局了，自动布局是指根据电路的功能、性能及几何要求等约束条件将各单元放在芯片适当的位置上。自动布局由 EDA 工具自动完成，在布局的过程中需要加入时钟树。建立时钟树系统是自动布局布线流程中非常重要的一个环节，它是为了解决时钟信号的需要，尽可能同时到达它所连接的每一个寄存器的端口，也就是要求从时钟信号的起点到每一个寄存器端口的路径延时之间的差异必须在规定的时间范围之内。如果时钟信号不能同时到达它所控制的每一个寄存器，就可能会影响到整个电路的正常工作。

在布局完成之后还要对布局的结果进行优化。

5）布线。自动布局完成之后开始进行时钟树的布线和其他信号线的布线。布线是指在满足工艺规则和布线层数限制等约束的条件下，根据电路的逻辑关系，将各个单元之间以及各单元和输入/输出单元之间用金属互连线连接起来，并在保证布线 100% 布通的情况下使芯片的面积尽量小。

布线中的关键问题是布通率。布线布通是指在保证所有信号线连接的情况下，金属线之间没有短路或违反设计规则的情况出现。布通率表征了布线成功的可能性。

6）时序分析及布线后优化。对布线后的结果需要做时序分析，只有分析结果正确，才能说明布线后结果符合设计要求。时序分析所依据的条件就是前面提到的时序约束文件。如果对布线结果做时序分析，而结果不能满足要求的时候，需要对布线结果做进一步优化，叫做布线后优化。

7）版图验证。版图验证通常包括设计规则检查（Design Rule Checking，DRC）、电学规则检查（Electrical Rule Check，ERC）、电路图和版图一致性检查（Layout Versus Schematic，LVS）。

8）数据输出。在版图设计完成之后需要输出 GDSII 文件交付给生产厂家进行掩模版的生产。

（2）半自动设计　版图的半自动设计是指通过在计算机上利用符号进行版图输入，符号代表不同层版的版图信息，要通过自动转换程序将符号转换成版图。

（3）人工设计　版图的人工设计主要应用在模拟集成电路的版图设计、版图的单元库文件的建立上和全定制数字集成电路设计中。模拟集成电路因其复杂而无规则的电路形式（相对于数字电路而言），在技术上只适宜于采用全定制的人工设计方法；版图的基本单元因其性能和面积的要求，需要采用全定制设计的人工设计方法；全定制数字集成电路的版图从成本与性能考虑而采用全定制设计方法。

用人工设计版图是指利用版图设计工具，通过编辑基本图形（如连线、矩形和多边形等）得到晶体管和其他基本元器件的版图，通过将这些基本元器件互连生成小规模的单元，通过逐层绘图的方式形成最后的整个集成电路的版图。在这种设计方法下，计算机只是作为绘图与规则验证的工具而起辅助作用，对所设计的版图的每一部分，设计者都要进行反复的比较、权衡、调整和修改，要求得到最佳尺寸的元器件、最合理的版图布局和路径最短的互连线等。不断完善设计，以期把每个元器件和内连接都安排得最紧凑、最适当。在获得最佳芯片性能的同时，也因为芯片面积最小而大大降低每个芯片的生产成本，以低价位而占领市场，但其设计周期要比全自动和半自动设计方法都要长。

2. 版图设计的基本图层和图形

根据设计的版图可以制造出相应的掩膜版，但版图和实际的工艺之间又是如何连接的？

分析大多数的 CMOS 工艺，可以发现都有四种基本的分层类型：①导体，这些层是导电层，能够传送信号电压，如扩散区、金属层和多晶硅层等。②隔离层，这些层是用于隔离的层，它在垂直方向和水平方向上将各个导电层互相隔离开来。③接触孔层，这些层用于确定绝缘层上的切口（Cut），绝缘层用于分隔导电层，并且允许上下层通过接触孔（切口）进行连接。④注入层，这些层并不明确地规定一个新的分层或接触，而是去定制或改变已经存在的导体层的性质。将这四种类型的层结合起来使用就可以创建 MOS 晶体管器件、电阻和互连等。

在几乎所有的情况下，版图设计师所需绘制的分层数目已经减小到制版工艺所要求的最小数目，这种最小数目的图层称为绘图层。绘图层数目的最小化降低了 EDA 软件的计算需求，减少了人为错误并简化了分层管理。以 N 阱 CMOS 工艺为例，通常情况下所需的绘图层主要有：N 阱层、有源区层、多晶硅层、P 型选择层、N 型选择层、多晶硅接触孔层、有源区接触孔层、通孔层、金属 1 层和金属 2 层。

生成光学掩膜的掩膜层或者分层的形状有时会和绘图层不同。首先，这些掩膜层的层数可能比绘图层多很多，在这种情况下，附加的掩膜层是从绘图层中自动生成的；其次，为了适应制造工艺的变化，掩膜层的尺寸可能会根据绘图层做一定的调整，这个调整由制版工艺自动完成。

绘制的每个图形不是以"多边形"（Polygon）的方式输入，就是以"线形"（Path）的方式输入。这两种方式之间有细微的差别，这种差别在一定程度上与计算机处理和加工版图数据的方式有关。多边形是具有 N 个边的形状，这个形状在几何上具有 N（或 $N+1$）个顶点，计算机认定 $N+1$ 个顶点是因为有一个顶点被重复计算了。多边形主要用于覆盖那些无法用简单矩形覆盖的区域，如单元边界、接触孔、扩散区和晶体管栅极等，多边形用于定义区域的方式非常灵活，可以定义 45°角的形状。线形是由起点、终点和中间顶点及宽度值来确定的一种形状，由于线形具有固定一致的宽度，因此它主要用于连接器件，以及点对点的信号传送。

5.1.2 版图设计规则

1. 规则定义

在版图设计过程中要遵守版图设计规则。所谓版图设计规则是指为了保证电路的功能和一定的成品率而提出的一组（最小）尺寸，如最小线宽、最小包含、最小间距和最小延伸等。设计版图之前定义一系列的设计规则，主要是因为电路设计师想尽量提高集成电路的集成度。而制造厂家的工艺特点和技术水平有一定的物理限制，如果设计的时候一味地追求集成度，那么在制造的时候就会有可能出现错误，导致最后制造出来的芯片不能正常工作，即影响成品率。工艺制造工程师希望芯片的成品率高一些，所以希望线条尽可能得宽，线条之间的距离尽可能得大，但是这样又会造成芯片面积的增加，为了在芯片上的器件集成度与芯片成品率之间得到一个折衷，必须制定一系列的设计规则，在进行版图设计的时候要严格按照厂家提供的设计规则进行设计，因此版图设计规则是设计所依据的基础。版图设计者在设计版图的时候，只要遵循了设计规则，就可以不必熟悉制造工艺的每一个细节。

设计规则也是设计者和生产厂家之间的接口，由于各厂家的设备和工艺水平不同，各厂家提供给设计者的设计规则也不同，设计者只有根据厂家提供的设计规则进行版图设计，才能在该厂家生产出具有一定成品率的合格产品。影响版图设计规则的主要因素包括制造成本、成品率、最小特征尺寸、制造设备和工艺的成熟度及集成电路的市场需求等。

通常把版图设计规则分成两种类型。

（1）自由格式　自由格式也可以称为以微米为单位的设计规则。目前一般的模拟集成电路通常采用这种设计规则。在这种规则中，每个被规定的尺寸之间没有必然的联系，对于不同的工艺要求也有不同的尺寸，因此设计的复杂性大大提高，所处理的规则数据也比较多。

这种方法的好处是每个尺寸可以独立地选择，可以把每个尺寸定得更合理，所以电路性能好，芯片尺寸和面积小。缺点是对于每一个设计级别，就要有一整套的数字，而且不能按比例缩小。

（2）规整格式　规整格式也可以称为以 λ 为单位的设计规则。在这种格式中，绝大多数的尺寸定义为某一特征尺寸 λ 的倍数，λ 的取值由工艺水平决定。

在这种设计规则中，版图设计可以独立于工艺和实际的尺寸，在生产中，对于不同的工艺，只要改变 λ 的取值就可以了。采用以 λ 为单位的设计规则会使设计规则得以简化，而且有利于工艺按比例收缩，例如当工艺由 $0.18\,\mu m$ 进步到 $0.09\,\mu m$ 的时候，只需要将 λ 的值由 $0.09\,\mu m$ 变为 $0.045\,\mu m$ 便可。但以 λ 为单位的设计规则有可能会造成芯片面积的浪费。

随着工艺水平的不断进步，器件的特征尺寸越来越小，使得一些尺寸做不到按比例缩小，如接触孔、通孔等，需要单独定义其尺寸，所以以 λ 为单位的设计规则在深亚微米集成电路的设计中的局限性越来越明显。因此，目前的深亚微米集成电路设计一般采用以微米为单位的设计规则，即自由格式。

规整格式的好处是设计规则简化，对于不同的设计级别，只要带入相应的 λ 值即可，有利于版图的计算机辅助设计。不足之处是增加工艺难度，浪费部分芯片面积，而且电路性能不如自由格式好。

2. 规则类型

规则类型主要包括宽度规则、间距规则、包含规则和延伸规则等。最小宽度规则可以有效地防止断路；最小间距规则可以有效地防止短路；最小包含规则可以防止电气接触不良或出现误连接；最小延伸规则可以防止 MOS 晶体管源极与漏极连通。

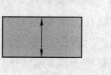

图 5-1　最小宽度规则示意图

（1）宽度规则　宽度规则通常是指版图中多边形的最小宽度。最小线宽规则示意图如图 5-1 所示。

在芯片加工制造的过程中，如果图形的最小宽度小于所定义的线宽规则数值，则由于工艺水平的原因，无法保证制造出可靠的、连续的连线，即加工出来的线条可能会出现断路的情况。线宽小于规则值则导致断路的情况如图 5-2 所示。

对于金属线来说，其最小线宽不仅仅取决于工艺限制，而且也由金属线上要通过的电流的大小决定。当较大电流通过窄的金属线的时候，金属线会出现熔断的现象。所以在进行金

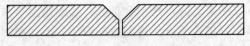

图 5-2　线宽小于规则值导致断路的情况

属线布线的时候通常要大于所规定的最小宽度，只要面积允许，金属线的宽度要尽量宽一些。

（2）间距规则　间距规则指的是多边形之间的最小距离。定义间距规则是为了避免两个多边形之间形成短路。间距规则不但定义在同一层的多边形之间，也可以定义在不同层的多边形之间。最小间距规则示意图如图 5-3 所示。

同层的多边形之间的最小距离有以下几种情况：平行的线条之间的最小距离、拐角之间的最小距离及垂直的线条与拐角之间的最小距离，在图 5-3 中分别用"①"、"②"和"③"表示。

不同层的多边形之间的最小距离大多指的是两个多边形的平行距离，不同层的间距规则示例如图 5-4 所示，其中表示出了场区的多晶硅栅和接触孔边缘的最小距离。

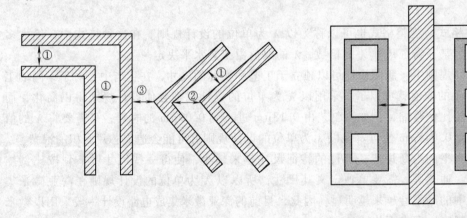

图 5-3　最小间距规则示意图　　　　　图 5-4　不同层的间距规则示例

场区的多晶硅栅和接触孔之间之所以要定义最小距离，是为了防止接触孔所连接的金属与多晶硅栅发生短路。多晶硅栅和金属层发生短路如图 5-5 所示。

（3）包含规则　包含规则是指外层与内层线条之间交叠并将内层线条包围的最小尺寸，例如硅栅层包围接触孔的最小尺寸。多晶硅与接触孔包含规则如图 5-6 所示。

在包含规则中，所指的线条是位于不同绘图层的。之所以要定义包含规则，是因为在集成电路制造中，需要将不同的绘图层进行连接（例如不同的金属层或金属层和栅极层），它们之间需要打接触孔或通孔，而上下两层都必须将接触孔完全覆盖才能保证有效的连接，否则就有可能会出现断路的情况。包含规则要求上下两层线条的边缘要超出接触孔或通孔的边缘一定的距离，这是因为在制造的过程中，由于工艺水平的限制，放置线条的实际位置与预先设计的位置如果有微小偏差的时候，产生位置偏差的线条与接触孔或通孔不能充分接触，

从而不能保证与另外一层金属层或多晶硅线条的有效连接，两层线条有可能会出现断路现象。

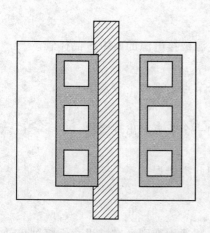

图 5-5　多晶硅栅和金属层发生短路

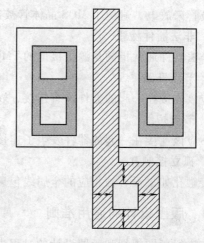

图 5-6　多晶硅与接触孔包含规则

（4）延伸规则　延伸规则指的是不同两层交叠时一层延伸出另一层的最小尺寸。多晶硅与有源区之间的延伸规则示意图如图 5-7 所示。

例如多晶硅与有源区交叠的时候要伸出有源区一定的距离，此规则是为了保证栅极不与源极或漏极短路及源、漏有源区的有效截断等。

5.1.3　版图电学规则

电学规则检查主要是检测电路中节点连接的错误和进行天线规则检查，由于许多节点连接错误在做 LVS 的时候也可以检查得到，所以在实际应用中版图电学规则（ERC）检查是可选的。有些设计规则工具直接将 ERC 检查工具嵌入在设计规则检查（DRC）工具之中，作为一个可供选择的选项出现。电学规则检查的内容主要有以下几种。

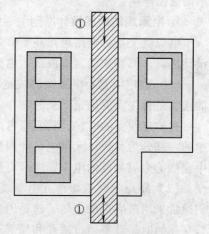

图 5-7　多晶硅与有源区之间
的延伸规则示意图
注：①表示需要延伸的位置示意。

1. 天线规则检查

很多版图检查工具在做 DRC 的时候就进行天线规则检查，天线规则检查指的是检查版图中是否存在发生"天线效应"的可能。"天线效应"指的是在集成电路芯片中，一条条金属线就像一根根"天线"，当芯片中有游离的电荷时，"天线"就会将这些游离的电荷收集起来，收集的电荷数量与天线长度成正比，当电荷达到一定程度时就相当于导线，具有天线的作用，即"天线效应"。当收集的电荷达到一定的数量的时候，就会产生放电，放电会造成集成电路器件的损坏，而最容易被损坏的就是栅氧化层，所以与栅极连接的金属线长度越长，其面积相对栅极面积越大，发生"天线效应"的可能性就越大。随着工艺的进步，沟道长度越来越小，栅氧化层越来越薄，发生"天线效应"的可能性就越来越大，所以在深亚微米工艺下，"天线效应"是必须考虑的一个问题。

通常我们通过插入二极管的方法来解决"天线效应"，这样当金属收集到电荷以后就通过二极管来放电，避免了 MOS 晶体管被击穿。

2. 非法器件检查

非法器件通常指的是源极接地的 PMOS 晶体管或源极接电源的 NMOS 晶体管。

3. 节点开路

应该连接在一起的器件没有连接，表现为同一个节点出现多个节点名。

4. 节点短路

不应该连接在一起的器件发生了连接，表现为同一个节点名出现多次。

5. 孤立接触孔

接触孔如果没有被相应的金属线包裹，就会出现此类错误。

5.1.4　版图设计的通用准则

在进行版图规划和版图设计的过程中，要遵循一些通用准则，在这里我们将列出一些基本的通用准则。

1. 电源线的版图设计准则

电源线关系到电路单元甚至整个芯片的工作性能，所以在开始进行任意一个单元的版图设计之前，都要先确定电源线。电源线的版图设计准则如下：

（1）确定线宽　电源线的线宽与其上能流过电流的大小有着直接的关系，所以电源线的线宽是首先需要确定下来的。

在确定线宽的时候，我们要考虑电源线是用于单元内部供电还是作为整个芯片电源网格中的一部分为其他单元供电。利用这一信息可以确定电源线所在的金属层，并通过工艺手册中提供的金属导线的电流密度和电源线要流过的电流大小来确定电源线的宽度。

（2）MOS 晶体管级单元电源线的金属层的选择　在设计晶体管级单元的电源线时，我们通常采用最底层的金属，这是因为如果使用高层金属作为电源线，那么在进行电源和晶体管互连的时候就要通过通孔和局部互连金属层来实现，这样会多占用空间。所以，我们通常使用工艺和设计所允许的最底层金属作为电源线。

（3）尽量避免在电源线上开槽　在进行电源线布线的时候，要确保线宽一致，不能在电源线上开槽。这是因为，电源线上的开槽会使该处的电源线在流过强电流的时候容易熔断。但是对于非常宽的金属来说，必须进行宽金属开槽。

（4）避免在单元上方布电源线　将电源线布在单元上，限制了单元之间的互连，并且会产生寄生效应。除非使用自动布局布线工具，否则不推荐在单元上方布电源线。

2. 信号线的版图设计准则

信号线的版图设计准则如下：

（1）布线层的选择要根据工艺参数和电路要求　对于每一种工艺，应该根据各层的电阻和电容参数来确定所有的标准布线层。通常选用金属层来进行布线，而像 N 阱、有源和高阻多晶硅等分层则不能用于布线。

（2）使输入信号线宽度最小化　使输入信号线宽度最小化可以减少信号线的输入电容。

（3）要根据实际选择信号线的布线宽度　通常信号线的宽度可以选为设计规则所规定

的最小宽度，但是也要根据需要流过的电流大小及容纳接触孔和通孔的实际情况进行选择。

（4）在同一单元或模块中保持一致的布线方向 通常我们将金属 1、金属 3 和金属 5 水平布线，而将金属 2、金属 4 和金属 6 垂直布线。在同一单元或模块中布线方向保持一致，这样当改变信号的方向的时候，只需要使用一类通孔跳转到相邻层的金属线上就可以了，因此提高了布线的通过率。

（5）标注出所有重要信号 版图中重要的信号要标注准确，这样在进行版图验证的时候能够很方便地诊断和排查错误，尤其在做 LVS 的时候，可以缩短 LVS 的运行时间。

（6）确定每个连接的接触孔数 在进行连接的时候，通常使用多个接触孔或通孔来增加连接的可靠性，并可以降低接触孔或通孔的等效电阻。

3. MOS 晶体管版图设计准则

MOS 晶体管版图设计准则如下：

（1）共用电源节点以节省面积 由于电源节点分布广泛、易于连接，因此实现电源节点的共享比较容易，而且可以大大节省面积。

（2）确定源极连接和漏极连接所需接触孔的最小数目 由于有源区的宽度是确定的，所以要在确定的空间内加入尽可能多的接触孔，就要使两个相邻的接触孔之间保持设计规则所定义的最小距离。

（3）尽可能使用 90°角的多边形或者线形 使用直角形状的图形，计算机需要存储的数据量相对其他图形来说是最小的，而且在版图设计过程中也更容易实现。对于有严格的面积和性能约束的区域，应限制 45°角版图设计的使用，这是因为这种设计的修改和维护相对困难，而且需要花费额外的精力。

（4）对阱和衬底进行有效的连接 N 阱应与电源连接，而 P 型衬底应接地。

4. 层次化版图设计准则

层次化版图设计是版图设计的一个重要特点，它可以从最基本的层次上开始，并且加入认为有用的单元，从而可以构造复杂的电路。各种各样的库可以以这种方式建立起来并进行维护，以便用于不同的设计中。利用层次化版图设计可以提高设计效率，并且方便错误的检查和修改。

（1）在规划阶段确定设计的层次划分 在划分层次的时候常用准则如下：

1）将系统按照功能分布划分成功能模块或者区域指定模块。

2）将被例化多次的电路模块定为单元。

3）将功能模块进行分类，划分成几个工程师可以并列设计的模块。

（2）在规划阶段确定单元之间的接口 在进行版图规划的时候，单元之间的接口及每个模块的接口应该事先规划好，在规划单元接口的时候可以使用模板单元结构。所谓模板单元结构是指在设计单元的时候，将单元的高度及内部的电源、连线、MOS 晶体管的方向都规划好，在进行设计的时候，只要将 MOS 晶体管放到模板单元内部，然后利用已经布好的金属线进行连接就可以了，对于没有用到的模板单元内的金属线可以将其删除掉。

5. 单元设计准则

在集成电路版图设计中，单元是实现电路功能的基本单位。定义一个单元是一些对象的集合，单元被看做单个的实体。一个单元可以很简单，只包含多边形（如只有两个 MOS 晶体管构成的反相器），具有这种特性的单元称为最低层的单元。在最低层的单元中，构成单元的多边形之间是独立的，改变任意的多边形，不会影响其他的多边形。在版图设计中最低层的单元可以加入到单元库中，单元也可以很复杂（如包含了成千上百个 MOS 晶体管的算术逻辑单元）。

（1）重复调用　单元可以在版图的任何位置被重复地从单元库中调用。

（2）单元例化　如果要将单元进行全局修改，例化单元的使用会使这一工作得到简化。例如，在设计中使用了一种反相器，并且在 100 个地方使用了它，如果使用了单元库中的反相器，并将其例化了 100 次，那么只要修改单元库中的反相器单元即可。因为版图中的 100 个反相器都是库中反相器的复制品，只要库中的单元得到了修改，那么 100 处使用它的地方也都随之修改。如果使用了"展平式"的设计方法，即在 100 个地方通过连接 200 个 MOS 晶体管来实现 100 个反相器，那么在修改的时候要将这 100 个反相器逐一修改，工作量非常巨大。同样在这 100 个反相器中，如果仅有一个需要修改，那就要特别小心，防止将另外 99 个反相器做了同样的修改，方法就是将需要修改的反相器"展平"，使它在当前的位置上分解成许多多边形，然后再进行修改。

（3）例化名　在版图设计中，如果在多处使用同一个单元，那么每处的单元都需要一个唯一的标识符。例如将一个名为 INV 的单元例化 100 次，需要对每一个例化单元进行唯一标识，例如 INV1、INV2、…，并且如果该单元在电路设计中存在电气对应关系，那么它的标识符应该与电路设计中使用的名字相匹配。使用不同的例化名对设计非常有用，尤其是用它来标识修改过的反相器。

（4）结构规整　例化的单元是作为一个整体出现在上层结构中，因此比起"展平式"的电路结构更容易进行整体的翻转、移动等。

（5）单元内容不显示　在上层设计中，作为底层单元的内部细节可以不被显示，而只用一个带有单元标识名称的多边形外框来进行标识，一次可以使计算机屏幕刷新资源最小化，尤其在大规模的版图设计中会大大提高浏览图形的效率。

（6）层次化设计　相对于许多单独的单元，层次化设计的版图验证工具可以从单元的重复使用中得到好处。例如在上述对反相器单元例化 100 次的例子中，版图验证工具只需要对反相器单元进行一次验证，然后检查一下各单元之间的连接就可以了。相对于验证由 200 个晶体管连接成 100 个反相器的设计，这样的方式会使验证的速度更快，从而提高了工作效率。

5.2　MOS 晶体管版图简介

对 MOS 晶体管而言，MOS 晶体管沟道的长度 L 和宽度 W 是两个重要的参数，在 MOS 晶体管原理中已经学过宽长比的有关知识。长度一般是指源极和漏极之间的间距，但在考虑性能时，长度可以定义为：当 MOS 晶体管正常线性工作时，电子在源极和漏极之间所必须移动的距离。

1. CMOS 反相器版图

下面给出常用的普通 CMOS 反相器的基本版图，如图 5-8 所示。

从图中可以看出，PMOS 晶体管一般与电源 V_{DD} 相连，NMOS 晶体管与 GND 相连，NMOS 晶体管和 PMOS 晶体管的栅极上有相同的输入信号，而其漏极上有相同的输出信号，

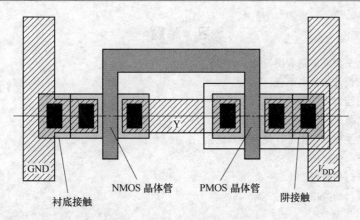

图 5-8　CMOS 反相器的基本版图

对于 N 阱来说，N$^+$ 区域是与 V_{DD} 相连的。

　　下面再给出另外两种 CMOS 反相器的版图，CMOS 反相器标准单元的版图如图 5-9 所示。其中图 5-9a 版图只进行了基本的连接，MOS 晶体管的体电极 B 没有进行连接；而图 5-9b 中的版图分别在 N 型阱区和衬底上开孔连接金属，并分别连接到电源和地上，即 MOS 晶体管的第四个电极体电极 B 分别连接到对应的电极上。因此图 5-9b 是一个完整的 CMOS 反相器版图，而图 5-9a 是一个基本的 CMOS 反相器版图。

2. 其他版图

　　根据 CMOS 反相器的版图，还可以绘制出其他的门电路版图。三输入与非门的版图如图 5-10 所示。

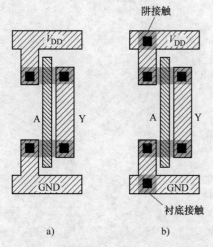

图 5-9　CMOS 反相器标准单元的版图

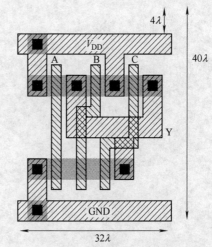

图 5-10　三输入与非门的版图

小　结

　　本章主要讲述集成电路版图设计的内容。首先介绍了集成电路版图设计的概念和基本流程；然后介绍了集成电路版图设计的电学规则和通用设计规则；最后介绍了常用基本单元版图。

习　题

5.1　简述什么是集成电路版图设计。

5.2　简述版图设计的基本流程。

5.3　简述版图绘制中两种主要的输入图形的方式。

5.4　简述什么是集成电路版图设计规则。

5.5　简述两种主要的版图设计规则及其区别。

5.6　绘制与非门的版图。

5.7　绘制或非门的版图。

5.8　绘制异或门的版图。

第6章　版图编辑器

教学目标

- 掌握版图编辑器 L-Edit 的基本设置。
- 掌握版图编辑器 L-Edit 的基本绘图操作。
- 掌握版图编辑器 L-Edit 的 DRC 操作。
- 掌握版图编辑器 L-Edit 的单元版图绘制。
- 了解版图编辑器 Virtuoso 的基本使用。

在版图设计的过程中，由于芯片集成度的不断增加（目前最新处理器的集成度已经达到 10 亿数量级），手工绘制版图已经成为不可能，此时就要借助于 CAD 工具。针对目前越来越复杂的集成电路芯片，各大集成电路 EDA 公司分别开发出版图设计工具，Cadence 公司的版图设计工具为 Virtuoso，Silcavo 公司的版图设计工具为 Expert，Tanner 公司的版图设计工具为 L-Edit。本书以 Tanner 公司的版图设计工具 L-Edit 和 Cadence 公司的 Virtuoso 为例进行基本的讲解。

6.1　版图编辑器 L-Edit

随着集成电路的复杂化，计算机辅助设计在集成电路设计中的作用越来越重要。Tanner 公司推出的版图编辑器 L-Edit 是一个在国内广泛使用的 EDA 软件。

L-Edit 可以实现版图的绘制、版图的设计规则检查和版图电路图的一致性检查。L-Edit 可以运行在 Windows 环境下，使用界面是标准的 Windows 界面，非常适合初学者进行学习操作。

6.1.1　L-Edit 基础

1. 启动 L-Edit

直接双击桌面上 L-Edit 的快捷方式或找到可执行文件双击对应的图标可以打开 L-Edit，另外双击目录中的 TDB 文件也可以打开 L-Edit，同时打开对应的版图文件。

通过运行（RUN）命令行也可以打开 L-Edit。采用运行命令行方式打开 L-Edit 时，可以在命令的后面加上一些执行参数以满足特定的需要。

在 ledit. exe 文件名后不加任何参数，将打开一个使用 ledit. tdb 设置信息的新文件。

在 ledit. exe 文件名后加 TDB 文件名，则打开该 TDB 文件；同时可以增加一些命令行参数选项以实现一些特殊目的：-f 忽略文件配置；-fl 忽略注册信息；-n 隐藏 L-Edit 的标题；-d 防止当前默认目录的变化，保持上次使用的目录为默认目录。

2. 设置文件

通过快捷方式打开 L-Edit 后，L-Edit 会寻找初始化文件 ledit. tdb，该文件中包含有 L-

Edit 的各种设置信息。如果找不到该初始化文件，也会打开 L-Edit，同时创建一个新的 TDB 文件 Layout0. tdb 以及一个新单元 Cell0，但该文件没有任何的设置信息（包括图层、规则和基本的显示设置）。

3. 用户界面

启动 L-Edit 后，新建一个 layout1. tdb 的版图文件，并显示主界面。版图编辑器 L-Edit 的主界面如图 6-1 所示。

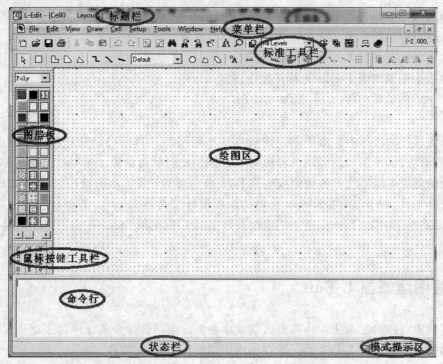

图 6-1　版图编辑器 L-Edit 的主界面

该界面主要包括标题栏、菜单栏、标准工具栏、其他工具栏（绘图工具栏、布局布线工具栏、验证工具栏、编辑工具栏和定位器工具栏）、图层板、鼠标按键工具栏、绘图区、命令行、状态栏和模式提示区等。

除标题栏、菜单栏和状态栏外，其余的工具栏都可以移动，都存在两种状态：停泊状态和漂浮状态。双击处在停泊状态的工具栏的边缘，可以使工具栏进入漂浮状态。处于漂浮状态的工具栏可以通过拖动其边框来改变其窗口的大小，处于漂浮状态的工具栏可以用鼠标拖动到其他位置，或双击处于漂浮状态的工具栏的标题栏可以转为停泊状态。

（1）标题栏和菜单栏　标题栏在程序主界面的最上方，主要用来显示用户当前正在编辑的文件的文件名和单元名称。

菜单栏在标题栏的下方，在菜单栏中包含了 L-Edit 中的所有命令。L-Edit 的菜单栏如图 6-2 所示。

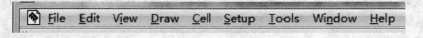

图 6-2　L-Edit 的菜单栏

1）File 菜单。File 菜单主要完成与文件有关的操作。File 菜单如图 6-3 所示。

File 菜单主要包括以下一些命令：

新建文件（New）、打开文件（Open...）、关闭文件（Close）、保存文件（Save）和另存文件命令（Save as...）；

导入掩膜版数据（Import Mask Data...）、导出掩膜版数据（Export Mask Data...）；

替换设置信息（Replace Setup...）、导出设置信息（Export Setup...）；

信息（Info...）；

打印（Print...）、打印预览（Print Preview）和打印设置（Print Setup...）。

2）Edit 菜单。Edit 菜单主要完成与编辑有关的操作。Edit 菜单如图 6-4 所示。

图 6-3　File 菜单

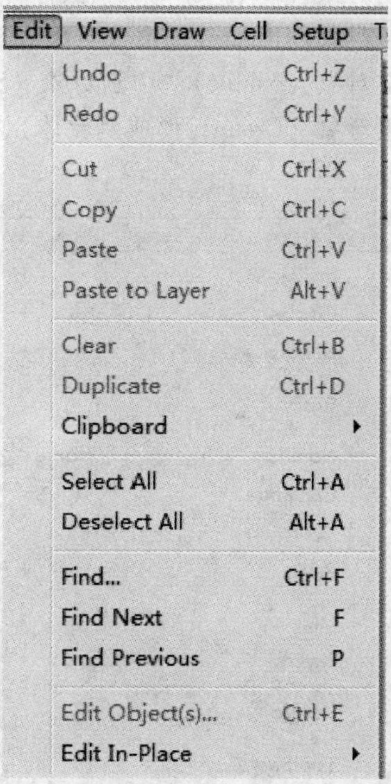

图 6-4　Edit 菜单

Edit 菜单主要包括以下一些命令：

撤销（Undo）、重做（Redo）；

剪切（Cut）、复制（Copy）、粘贴（Paste）和粘贴到图层（Paste to Layer）；

清除（Clear）、复制（Duplicate）和粘贴板（Clipboard）；

选择全部（Select All）、去选全部（Deselect All）；

查找（Find...）、查找下一个（Find Next）和查找上一个（Find Previous）；

编辑对象（Edit Object（s）...）、原地编辑（Edit In-Place）。

3）View 菜单。View 菜单主要用来改变主窗口的显示状态，View 菜单如图 6-5 所示。

View 菜单主要包括以下一些命令：

内部（Insides）、显示（Display）和等级水平（Hierarchy Level）；

跳转到 (Goto...);

全视图 (Home)、切换视图 (Exchange)、缩放 (Zoom) 和平移 (Pan);

对象 (Objects)、图层 (Layers);

设计导航 (Design Navigator...);

工具栏 (Toolbars...);

状态条 (Status Bars...);

刷新 (Redraw)。

4) Draw 菜单。Draw 菜单主要执行绘图操作命令。Draw 菜单如图 6-6 所示。

Draw 菜单主要包括以下一些命令:

移动对象 (Move By...)、微移对象 (Nudge);

旋转对象 (Rotate)、镜像对象 (Flip);

掏空对象 (Nibble)、切割对象 (Slice) 和合并对象 (Merge);

群组对象 (Group,形成例化体)、打散对象 (Ungroup,针对 Group 对象)。

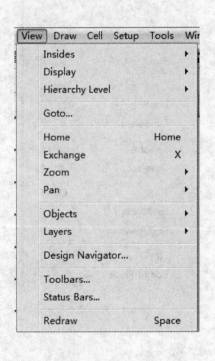

图 6-5　View 菜单

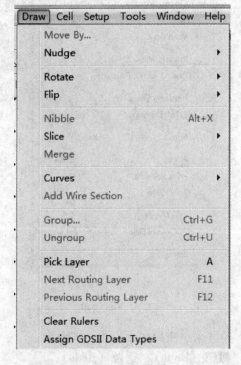

图 6-6　Draw 菜单

5) Cell 菜单。Cell 菜单主要执行单元的相关操作命令。Cell 菜单如图 6-7 所示。

Cell 菜单主要包括以下一些命令:

新建单元 (New...)、打开单元 (Open...)、复制单元 (Copy...)、重命名单元 (Rename...) 和删除单元 (Delete...);

恢复单元 (Revert Cell...)、单元另存为 (Close As...);

例化单元 (Instance...)。

6) Setup 菜单。Setup 菜单主要执行软件的设置操作。Setup 菜单如图 6-8 所示。

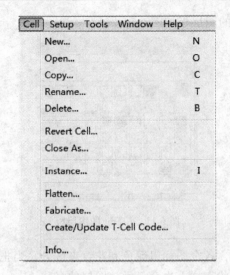

图 6-7　Cell 菜单

图 6-8　Setup 菜单

Setup 菜单主要包括以下一些设置命令：

颜色板设置（Palette...）、应用参数设置（Application...）和设计参数设置（Design...）；

图层设置（Layers...）、特殊图层设置（Special Layers...）。

7）Tools 菜单。Tools 菜单主要包括版图设计中的一些工具命令。Tools 菜单如图 6-9 所示。

Tools 菜单主要包括以下一些命令：

设计规则检查（DRC...）、局部设计规则检查（DRC Box...）、设计规则检查设置（DRC Setup...）、清除错误图层（Clear Error Layers...）和设计规则检查错误导航（DRC Error Navigator）；

标准单元布局布线（SPR）、块布局布线（BPR）；

提取参数（Extract...）。

8）Windows 菜单。Windows 菜单主要完成子窗口的布局设置。Windows 菜单如图 6-10 所示。

Windows 菜单主要包括窗口排列命令和当前窗口列表。

窗口排列命令主要包括层叠显示（Cascade）、水平显示（Tile Horizontally）、垂直显示（Tile Vertically）、图标排列（Arrange Icons）和关闭当前窗口以外的其他所有窗口（Close All Except Active）。

当前窗口列表显示当前打开的子窗口的列表（1 Cell0 Layout1），编辑过程中打开几个版图单元，这儿就列出几个项目，依次递增排列。

（2）图层板　图层板用来显示当前工艺设置中的所

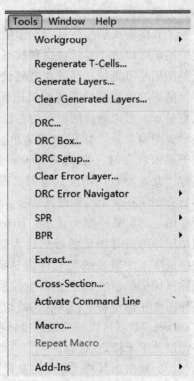

图 6-9　Tools 菜单

有图层的信息，以方便用户进行图层选择。L-Edit 的图层板如图 6-11 所示。

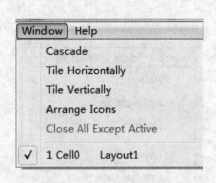

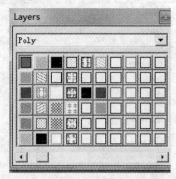

图 6-10　Windows 菜单　　　　　　　　图 6-11　L-Edit 的图层板

　　其中每一个图层都由一个小方块的图标来代表，各个图标以颜色和花纹来区分。当把鼠标箭头放在某个图标上时会显示图层名称，同时在状态栏上也会显示该图层的名称。

　　图层有选中与非选中之分。在任何时间只能有一个图层被选中，被选中的图层称为当前图层。当前图层的名称显示在图层板上方的图层显示框内，当前图层的图标被小黑框标识。当用绘图工具绘图时，只能在当前图层上绘制图形，绘制图形的颜色和花纹与该图层图标的相同。

　　当所需要的图层不在当前显示范围内时，可以利用图层板下面的滚动条来进行左右移动，也可以从图层板上面的下拉列表中进行选择。如果屏幕足够大，还可以改变图层板的大小以方便操作。首先使图层板处于漂浮状态，然后把鼠标指针放在图层板的边缘，当鼠标指针变为双向箭头后按住鼠标左键拖动鼠标，就可以使图层板变大或缩小。

　　图层可以处于显示或隐藏状态。处在显示状态的图层上的图形是可见的，而处在隐藏状态的图层上的图形是不可见的，处在隐藏状态的图层图标上加有 45°阴影线，以区别显示。可以通过图层板的右键弹出菜单来改变图层的显示或隐藏状态。图层右键菜单如图 6-12 所示。当图层处于显示状态时，在 Show Layer（Layer 为鼠标所在图层名称，此处为 Poly 图层）前面出现勾号，单击该项会使鼠标所在图层在显示与隐藏间切换。其中 Show All 项可以使所有图层的可见性变为显示；Hide All 项使除鼠标指针所在图层外的所有图层的可见性为隐藏；Show Generated 项使生成层上的对象的可见性为显示；Hide Generated 项隐藏除鼠标指针所在图层外的生成层上的对象；Lock Layer

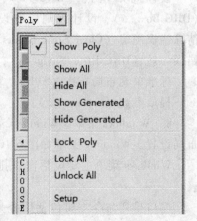

图 6-12　图层右键菜单

项使图层在锁定和未锁定状态间切换，在锁定的图层上不能进行任何编辑，也不可以绘制对象；Lock All 项可以使除鼠标指针所在图层外的所有图层处于锁定状态；UnLock All 项使所有图层处于未锁定状态。

　　（3）绘图工具栏　绘图工具栏主要包括绘图过程中所用的各种不同的图形类型。绘图工具栏的各个图标对应不同的功能，如图 6-13 所示。

　　利用绘图工具栏可以在单元中绘制不同的几何对象（原始体），还可以在当前单元中放

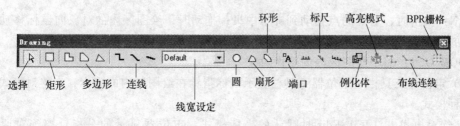

图 6-13　绘图工具栏

置标尺和例化体。

在绘图工具栏上单击右键会弹出菜单，如图 6-14 所示。其中 Show 项使鼠标指针所在绘图层的图形对象的可见性在显示与隐藏间切换；Show All 项使所有的绘图类型处于显示状态，即显示所有的对象；Hide All 项使除鼠标所处的绘图类型外的其他绘图类型处于隐藏状态。

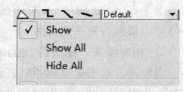

图 6-14　绘图工具栏右键菜单

（4）鼠标按键工具栏　鼠标按键工具栏可以显示鼠标的三个按键对应的功能，鼠标三键功能提示如图 6-15 所示。

现在一般的鼠标是两键加滚轮，其中滚轮就是第三键（如果是两键鼠标，中键功能用"Alt + 左键"来代替）。

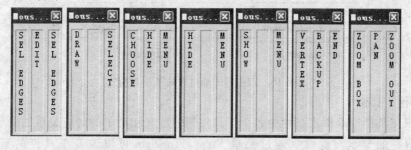

图 6-15　鼠标三键功能提示

结合 Ctrl 和 Alt 键可以出现多种不同的键盘鼠标按键功能组合，实际使用中只需要记住常用的几个组合，达到熟练使用的目的就可以。

其中功能提示常出现的含义如下：

SELECT：选择绘图区的对象；

MOVE：移动绘图区的对象；

EDIT：编辑绘图区的对象；

DRAW：在绘图区绘制对象；

SEL EDGES：选择图形对象的边缘；

CHOOSE：在图层板上选择图层图标；

HIDE/SHOW：鼠标在图层板上时隐藏或显示图层；

VERTEX：在绘制多边形时，增加顶点；

BACKUP：删除前一次绘制的顶点；

END：完成多边形的绘制；

MENU：弹出相应的弹出菜单；

ZOOM BOX：放大选定的区域并移动到屏幕中央；

PAN：单击时，对应的点移动到屏幕中央；拖动时，绘图区内的对象向鼠标移动的方向做相反的移动；

ZOOM OUT：缩小绘图区内的图像对象。

（5）定位器工具栏　定位器工具栏显示鼠标指针在绘图区内的坐标，有绝对模式和相对模式两种模式。

1）绝对模式。打开 L-Edit 时默认的坐标模式。定位器显示的是指针离绝对原点的距离，单位是定位单位。在 Setup > Design 对话框的 Grid 标签内可以设定定位单位与内部单位的关系，在 Setup > Design 对话框的 Technology 标签内可以设定内部单位与工艺单元的关系，最终可以得到与微米的关系。

2）相对模式。敲击键盘上的 Q 键可以在绝对模式与相对模式间进行转换。相对模式下，定位器显示的是鼠标指针在绘图区中的相对位置。相对位置是指当前鼠标指针所处位置与进入相对模式时鼠标指针所处位置的相对值，即把敲击 Q 键时鼠标指针所处的位置设置为（0，0）点。

注意：绝对模式时坐标显示在圆括号内，只显示 X、Y 的坐标值；相对模式时坐标显示在方括号内，除显示 X、Y 的坐标值外，还显示两点之间的距离（水平或垂直移动时显示）。定位器的绝对模式和相对模式如图 6-16 所示。

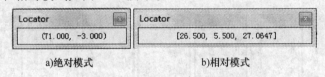

a)绝对模式　　　　　　　b)相对模式

图 6-16　定位器的绝对模式和相对模式

（6）其他工具栏

1）编辑工具栏。编辑工具栏中各个工具按钮的含义和菜单的对应关系如图 6-17 所示。

2）工具栏的显示与隐藏。通过菜单 View > Toolbars 可以改变工具栏的显示与隐藏。View > Toolsbars 弹出工具栏设定对话框，工具栏显示与隐藏设置如图 6-18 所示，单击某个工具栏名称前面的复选框可以使框内出现或消除勾号，从而使工具栏显示或隐藏。

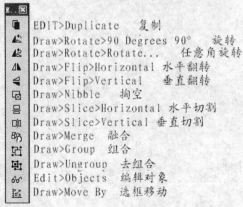

图 6-17　编辑工具栏

图 6-18　工具栏显示与隐藏设置

在任意工具栏的图标按钮上单击鼠标右键，会弹出工具栏右键菜单，如图 6-19 所示，也可以对工具栏的显示与隐藏进行修改。其中的 Status Bar、Mouse Buttons 和 Locator 项与

Toolbars 对话框的每一项相对应。

4. 文件与单元

版图设计工具 L-Edit 在设计版图的过程中，所保存的文件类型为 TDB 文件，TDB 文件不仅保存所绘制的版图信息，同时也包含对应的基本图层、设计规则等基本设置信息。

TDB 文件是采用等级构造的形式来保存版图图形的，TDB 文件的等级构造示意图如图 6-20 所示。

具体来说，TDB 文件是由单元（Cell）组成的，一个 TDB 文件至少由一个单元组成。一个 TDB 文件可以包含多个不同的单元，就像一个大的电路系统包括若干个不同的子功能电路，每个子功能电路又包含若干个不同或相同的元器件。

TDB 文件中的单元主要分为两类：基本单元和例化单元。基本单元是设计者自己绘制的图形对象，主要由各种基本图形组成。而例化单元是在设计的过程中，从库中调用过来的别人已经设计好的单元，即直接利用别人设计的、具有完整功能的单元。

例如在设计与门的过程中，如果现有库中已经有厂家提供的与非门和非门的单元电路，则与门可以由与非门和非门级联得到，对应的与门的版图文件则包括三个单元：非门、与非门和与门。其中与门单元中包括两个例化单元：非门和与非门。

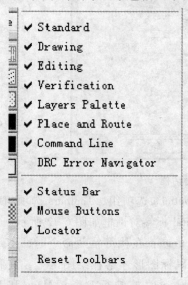

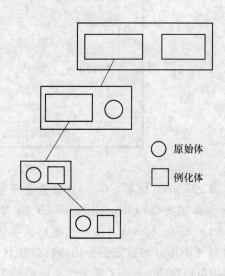

图 6-19　工具栏右键部分菜单　　　　　　　　图 6-20　TDB 文件的等级构造示意图

6.1.2　L-Edit 设置

要想用 L-Edit 完成版图的编辑与设计，首先要对 L-Edit 的应用环境进行设置，以满足设计者本身的需要。应用环境的基本设置主要包括应用参数设置、设计参数设置、图层设置和特殊图层设置等，可以通过程序菜单 Setup 调出，设置菜单如图 6-21 所示。

1. 应用参数设置

用 Setup > Application 菜单命令可以打开 Setup Application（设置应用参数）对话框，如图 6-22 所示。

应用参数设置对话框上部有 Configuration files（应用配置文件）选项组，内有 Workgroup（设计组）和 User（用户）两个填充框。设计组填充框用来指定设计组应用配置文件的路径和名称，用户填充框用来指定用户应用配置文件的路径和名称。如果要装入应用配置文件，可单击 Load（装入）按钮，装入设计组应用配置文件或用户应用配置文件。如果两个文件都装入，优先起作用的将是用户应用配置文件。后缀为 ini 的应用配置文件是 ASCII 文件，用来设置或保存 Setup Application 对话框中的应用参数。

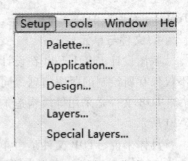

图 6-21 设置菜单

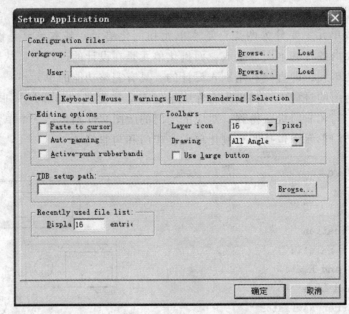

图 6-22 应用参数设置对话框

（1）General 标签　General 标签主要包括 Editing options 选项组、Toolbars 选项组、TDB setup path 填充框和 Recently used file list 填充框。General 标签对话框如图 6-22 所示。

1）Editing options（编辑选项）选项组。Paste to cursor：在执行粘贴命令时，剪贴板上的内容（图形）将跟随鼠标出现在绘图区，直至单击鼠标图形才落在绘图区上，在移动的过程中可以用 R、H、V 键来改变图形的方向；Auto-panning：在执行 Draw、Move 和 Edit 等操作时，如果鼠标移到单元窗口的边缘，L-Edit 将自动执行 Pan（平移窗口）命令；Active-push rubberbanding：选中后在执行鼠标拖动时，可以不用按下对应的鼠标功能按键。

2）TDB setup path（TDB 设置路径）填充框，用来设置 TDB 设置文件的预定义路径。当用 File > New 和 File > Import Mask Data 创建新文件或输入 CIF/GDSII 文件时，在新建对话框中，Copy TDB setup from（从文件复制 TDB 设置）文件列表框将列出预定义路径中的 TDB 文件，方便用户直接进行选择。

（2）Rendering 标签　Rendering 标签主要用于设定绘制版图的过程中图形的显示方式等。Rendering 标签对话框如图 6-23 所示。

1）Hide instance insides if less than（隐藏例化体内图形的最小尺寸）复选框。选中该项后，下面的两个数字框被激活，代表临界尺寸（单位是像素）。当例化体的水平尺寸或垂直

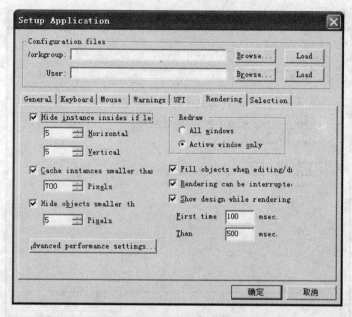

图 6-23　Rendering 标签对话框

尺寸小于等于相应的临界尺寸时，例化体的内容不显示，而是显示轮廓线来代替。

2）Cache instances smaller than（缓存例化体的最小尺寸）复选框。选中该项后，数字框被激活，数字框规定可以缓存的例化体的最小尺寸（单位是像素），被缓存的例化体保存在内存中，当刷新屏幕时速度比较快。

3）Hide objects smaller than（隐藏对象的最小尺寸）复选框。选中该项后，数字框被激活，数字框规定可以绘制的最小对象的尺寸。

4）Redraw 选项组。All windows：选中后在重绘屏幕时将重新绘制所有的窗口；Active window only：选中后在重绘屏幕时只重新绘制当前活动的窗口。

5）Fill objects when editing/drawing（在编制或绘制时填充对象）复选框。选中该项后，在编辑或绘制时将用颜色等填充对象，否则用轮廓线表现对象。

6）Rendering can be interrupted（表现可以中断）选项。选中后，鼠标键单击或敲击键盘操作会中断屏幕绘制，不需要等屏幕重绘完成就可以进行下一次操作。

7）Show design while rendering（绘图时显示设计）选项。选中后，绘图时100ms后重新显示，然后500ms后再次显示。

（3）Selection 标签　Selection 标签主要进行图形的鼠标选择设定。Selection 标签对话框如图 6-24 所示。

1）Permit selection of objects on locked layers 复选框。选中该项后，在被锁定的图层上可以选择对象的最小尺寸。

2）Edge selection modes 选项组。Selection edges only when fully enclosed by selection box：选中后，只有边缘完全在选择框内的对象才可以被选中；Selection edges when partly enclosed by selection box：选中后，只要部分边缘在选择框内的对象就可以被选中。

2. 设计参数设置

用 Setup > Design 菜单命令进行设计参数设置。

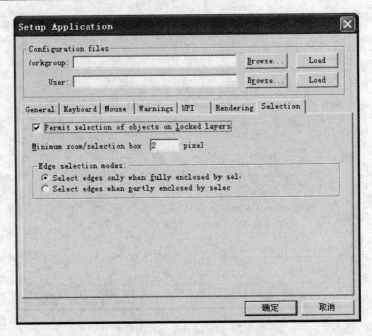

图 6-24　Selection 标签对话框

（1）Technology 标签　Technology 标签主要进行工艺方面的设定。Technology 标签对话框如图 6-25 所示。

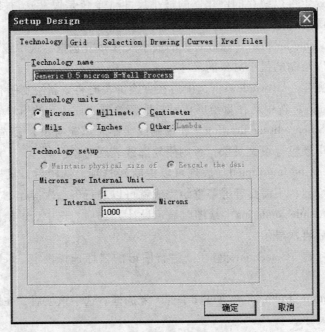

图 6-25　Technology 标签对话框

1）Technology name（工艺名称）填充框。每种设计工艺都有唯一的名称，工艺名称填充框填写设计所用的工艺名称。当从一个文件复制一个单元到另一个文件时，L-Edit 将比较两个文件所用的工艺是否相同，如果工艺不同，L-Edit 将显示警告。

2）Technology units（工艺单位）选项组。在 L-Edit 中，工艺用一个特定的测量单位来

描述。这个单位由工艺单位选项组中的单选框决定：Microns（微米）、Mils（密耳）、Milli-
meters（毫米）、Inches（英寸）、
Centimeters（厘米）和 Other（其
他）。如果选用 Other 项，还要在右
侧填充框中输入自定义的工艺单位
的名称（通常称为 Lambda）。

3）Technology setup（工艺设
置）选项组。工艺设置选项组用来
定义工艺单位与内部单位之间的关
系。

当在工艺单位选项组中选 Oth-
er 项时，右面填充框中写 Lambda，
选择 Other 后 Technology 标签对话
框如图 6-26 所示。

其中 Lambda per Internal Unit
项用来定义内部单位与 Lambda 的
关系；Lambda 项用来定义 Lambda
与 Microns 之间的关系。

图 6-26　选择 Other 后 Technology 标签对话框

当更改工艺设置选项 Lambda per Internal Unit 项和 Lambda 项中表示内部单位与工艺单
位之间关系的两个分数数字填充框时，Maintain physical size of objects（保持对象的物理尺寸
不变）和 Rescal the design（重新定标设计）单选框被激活。保持对象的物理尺寸不变单选
框被选中后，单元中对象的物理尺寸不变，内部单位存储的内部数据要产生改变；重新定标

设计单选框被选中后，内部单位
存储的内部数据不变，单元中对
象的物理尺寸将发生变化。

（2）Grid（栅格）标签　Grid
标签主要进行绘图区栅格的显示
设定。Grid 标签对话框如图 6-27
所示。

1）Locator Units（定位单位）
选项组。该数字框内的数字表示
定位单位与内部单位的换算关系。
例如，一个内部单位为 $1/1000\mu m$ ，
一个定位单位为 1000 内部单位，
则位置指示器上显示的坐标值将
以 μm 为单位。

2）Grid display（栅格显示）
选项组。Major displayed：填充框
内的数字表示一个栅格代表的定

图 6-27　Grid 标签对话框

位单位数；Suppress major grid if：格点在屏幕上的表观距离小于等于该数值时将不显示；Displayed minor：填充框内的数字表示二级格点代表的定位单位数；Suppress minor grid if：二级格点在屏幕上的表观距离小于等于该数值时将不显示。

3）Mouse grid 选项组。Cursor 选项：Snapping 单选项代表鼠标指针在格点之间跳跃；Smooth 单选项代表鼠标指针做平滑移动。

Mouse snap 选项：填充框的数字表示鼠标指针每次跳跃的格点数。

（3）Selection 标签　Selection 标签主要用于图形选择时选择范围的设定。Selection 标签对话框如图 6-28 所示。

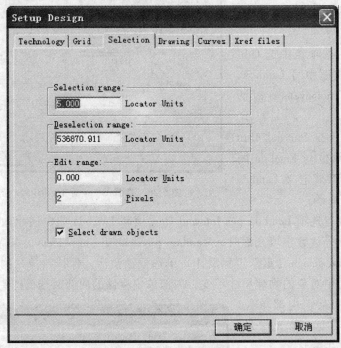

图 6-28　Selection 标签对话框

1）Selection range 选项。该数字框中的数字规定，当鼠标指针在对象外面与对象边的距离不超过该数值时，该对象仍可以被选中。

2）Deselection range 选项。该数字框中的数字规定当鼠标指针与选中的对象的距离大于该数值时，单击 MOVE/EDIT 功能对应的鼠标按键，选中的对象将去选。默认设置为软件能正确识别的最大正数，这样被选中的对象在编辑时不会被自动去选。

3）Edit range 选项。两个数字填充框，第一个以定位单位为度量单位，第二个以像素为度量单位。框中的正数决定编辑范围，即当鼠标指针离对象的边或顶点的距离在该范围内时，单击 MOVE/EDIT 键将执行 Edit（编辑）操作，否则执行 MOVE（移动）操作。两个数字同时存在时以定位单位框和像素单位框中当时在屏幕上表观距离较大的设置作为编辑范围。

4）Select drawn objects（选中绘图对象）复选框。选中该选项，当一个对象被绘制后将被自动选中，这样便于在完成一个绘图后立即对它进行移动和编辑操作。

（4）Drawing 标签　Drawing 标签主要设定绘图过程中端口文本尺寸和标尺的参数。

Drawing 标签对话框如图 6-29 所示。

图 6-29　Drawing 标签对话框

1）Default port text size（默认端口文字大小）选项。该数字填充框中的数字规定了端口默认的文字大小。

2）Nudge amount（微移量）选项。该数字填充框中的数字规定了 Draw > Nudge 命令中的微移量。

3）Default ruler settings（默认标尺设置）选项。Text 数字填充框用于规定标注数字的高度；Display 下拉列表框用于设定标尺数值的显示位置，主要包括 No text（不显示）、Centered（数值在中间）、At end points（数值在端点）和 At tick marks（数值在刻度线上）四种方式；End 下拉列表框用于规定端点的形状是平头端点还是箭头端点；Show tick marks（显示刻度线）复选框用于决定显示主要刻度线和次要刻度线的距离值，Major 数字填充框规定相邻主刻度线的间距，Minor 数字填充框规定相邻次刻度线的间距，Symetric（对称）复选框决定刻度线是否在标尺两面对称生成；Current rulers on（标尺在）选项组用于决定标尺绘制在哪一个图层上，选择 Current Layer 则绘制在当前图层上，选择第二项则可以选择其他图层。

3. 图层设置

要设置图层，用菜单 Setup > Layers 打开当前文件的 Setup Layers（设置图层）对话框。图层设置对话框如图 6-30 所示，左侧是图层表和几个按钮，右侧是用来设置图层的页面。

（1）图层表　图层表是一个图层列表框，显示当前文件的所有图层。

图层名称在图层表中从上到下排列出，与图层板中的次序是一致的。图层的颜色显示和生成层的生成中，图层的次序是有意义的。显示相互重叠的几何图形时，重叠部分的颜色是重叠图层色码的逻辑运算结果。重叠部分的颜色与图层的前后次序有关。

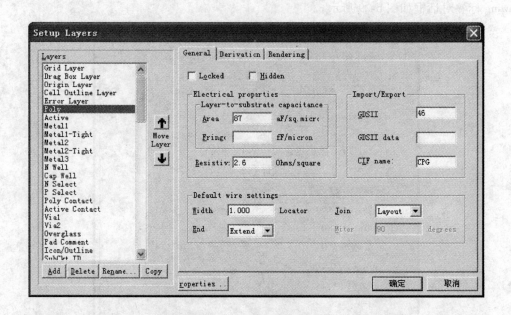

图 6-30 图层设置对话框

图层表的右面有两个 Move Layer（移动图层）按钮：向上和向下，单击这两个按钮可以改变图层在图层表中的位置。

图层表的下面有四个按钮。Add（添加）和 Delete（删除）按钮用来在图层表和图层板中添加新图层和删除已有的图层；Rename（重新命名）按钮更改选中的图层的名称；Copy（复制）按钮在图层列表中复制一个图层，直接放在被复制图层的下面，默认名称为 copy of layer。

注意：图层的有关设置要与所选中的图层表中的图层对应。

（2）General 标签　General 标签主要进行电学参数、版图导入/导出参数和默认线宽参数的设定。General 标签如图 6-30 所示。General 标签中有两个复选框和三个选项组。

1）Locked（锁定）复选框。选中该项后，该图层中所绘制的对象不能被编辑。

2）Hidden（隐藏）复选框。选中该项后，该图层中的图形将被隐藏。

3）Electrical properties（电学性质）选项组。Layer-to-substrate capacitance（图层至衬底的电容）选项组内有两个数字填充框。Area（面积）填充框：填写图层至衬底的面电容，面电容是指单位面积的电容，单位是 $aF/\mu m^2$。Fringe（边缘）填充框：填写图层至衬底的边缘电容，边缘电容是指单位长度的电容，单位是 $fF/\mu m$。Resistivity（面电阻）填充框用于填写图层的面电阻，单位是欧姆每平方微米。以上这些数据由集成电路制造厂提供。

4）Import/Export（输入/输出）选项组。GDSII 填充框用于填写图层的 GDSII 图层数。GDSII data 填充框用于填写图层的 GDSII 图层数据类型。CIF name（CIF 名称）填充框用于填写图层在 CIF 文件中的名称。

5）default wire settings（默认线形设置）选项组。width（线宽）填充框用来设置连线的宽度（定位单位，系统内部专用单位）。

End（端点）下拉列表框用来规定连线的端点形状，有三种形状可以选择：Butt（方形）、Round（圆形）和 Extend（伸展型）。Extend 与 Butt 相似，但连线长度增加半线宽。

Join（连接）下拉列表框用来规定连线在拐角处的形状，有四种形状可以选择：Layout（设计形，连接点两边往外延伸半线宽）、Round（圆形）、Bevel（斜角形，连接点不延伸）和 Miter（伞形，连接点的两边往外延伸到回合）。

Miter（伞形）填充框用来指定临界角。如连接线间的角度小于该角，该连接点的外形用 Bevel，否则用 Miter。

（3）Derivation（推导）标签　Derivation 标签主要用于生成图层计算的设定。

利用 Derivation 标签的设置项可以产生生成层（Generated Layer），生成层是由已有的图层通过逻辑运算而生成的。

1）Drawn 单选框。选中该项后，该图层上的对象通过绘制产生，Derivation 标签下面的部分不显示。

2）Derived 单选框。选中该项后，显示 Derivation 标签的全部内容。选中 Derived 项后的对话框如图 6-31 所示。

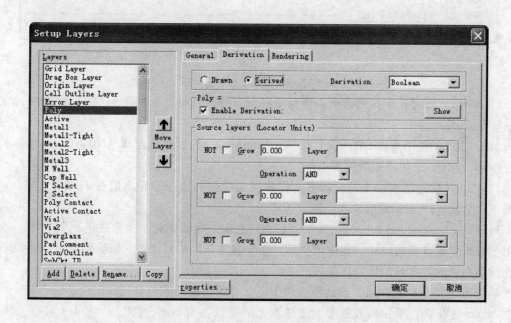

图 6-31　选中 Derived 项后的对话框

详细内容可以去查阅相关的参考文献或帮助信息。

（4）Rendering（表现）标签　Rendering 标签主要设定图层在版图中的实际显示内容和方式。Rendering 标签对话框如图 6-32 所示。

通过该标签可以指定绘制的图形对象在正常状态或选中状态的颜色、填充的花纹以及轮廓线等。

左侧列出了可以设置颜色和花纹的元素：Object（对象）、Selected object（选中的对象）、Port box（端口框）、Selected port box（选中的端口框）、Port text（端口文字）、Selected port text（选中的端口文字）、Wire centerline（连线的中心线）和 Selected wire centerline（选中连线的中心线）。

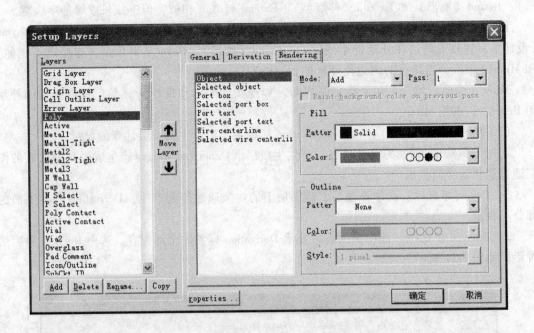

图 6-32 Rendering 标签对话框

1）Mode（模式）下拉列表框。控制图层在与另一图层重叠时重叠区的外观表现，有以下三种模式：

Add（加），使用逻辑 OR（或）操作；Subtract（减），使用逻辑 AND NOT（与非）操作；Paint（涂色），使用逻辑覆盖操作。

2）Pass（轮廓层次）下拉列表框。控制图层绘制的次序，轮次值在 1~10 之间。1 表示第一次绘制，10 表示最后一次绘制。

3）Paint background color on previous pass（在前一个绘图轮次上涂底色）复选框。该选项用于恰当表现重叠的过孔。选中该项后，在绘制加花纹的对象前，清除对象下面的绘图轮次在活动图层的轮次前的所有图层。

4）Fill（填充）选项组。该选项组用于定义对象内部的颜色和花纹。

Pattern（花纹）下拉列表框用于选择填充的花纹。有 None（无）、Solid（实心，18 种预定义花纹）和 Other（其他，自定义花纹）。

Color（颜色）下拉列表框用于选择所需的颜色，颜色数量与检索方式由 Setup Palette（设置调色板）对话框设置。

5）Outline（轮廓线）选项组。定义轮廓线的颜色、样式和花纹。

Pattern（花纹）下拉列表框用于选择轮廓线的花纹，有 None（无）、Solid（实心等其他预定义的花纹）和 Other（其他，自定义）。

Color（颜色）下拉列表框用于选择表现颜色。颜色的数量和检索方式由菜单 Setup→Palette 对话框设置。

Style（式样）选择框用于选择样式，单击省略号按钮，打开 Outline Style（轮廓线式样）对话框，设置所选元素轮廓线的线型、线宽以及线宽测量单位（像素或定位单位）。

4. 特殊图层设置

特殊图层用来显示各种 L-Edit 结构，如栅格、原点和鼠标拖动框等。特殊图层要用 Setup > Layers 命令来设置，还要用 Setup > Special Layers 命令来指定。使用 Setup > Special Layers 命令后，出现 Setup Special Layers（设置特殊层）对话框，特殊图层设置对话框如图 6-33 所示。

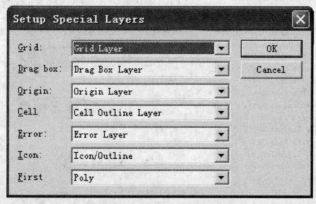

图 6-33　特殊图层设置对话框

对话框指定了七个特殊层：

1）Grid（栅格）。该层显示栅格格点。

2）Drag box（鼠标拖动层）。在绘图区拖动鼠标指针（如做框选时），在该层上将出现鼠标拖动框，例如做图形的 Nibble（掏空）操作时，如用线做掏空工具，拖动鼠标时，该层上将出现由拖动产生的线。线的宽度在 Drag box 层的 Setup Layers 设置图层对话框中的 General 标签的 Default wire setting（默认线设置）中设置，线宽不能为 0。

3）Origin（原点）。该层显示原点十字图形。

4）Cell（单元）。该层显示例化体的轮廓线。

5）Error（错误）。该层显示 DRC 和 SPR 的错误信息。

6）Icon（图标）。该层显示非制造信息。

7）First（第一图层）。该层为图层表中最前面的制造图层。

特殊图层除有上面的特性外，在其他方面与普通的图层完全一样：可以在特殊图层中产生 L-Edit 绘图对象，以及进行各种 L-Edit 操作。

5. 设计规则设置

在版图设计的过程中，必须要满足工艺厂家提供的工艺规则要求，因此在设计版图以前必须首先把相关的工艺规则设置好，以便在设计版图的过程中可以进行相关的版图设计规则检查。

选择菜单 Tools→DRC Setup... 可以打开设计规则设置对话框，设计规则设置对话框如图 6-34 所示。

对话框中有如下选项。

（1）Rule set（规则设置）选项组　该选项组主要包含以下内容：

1）Name（名称）填充框，用来填写设计规则集的名称。

2）Tolerance（公差）填充框，用来规定在设计规则检查时所允许的公差。设这个公差

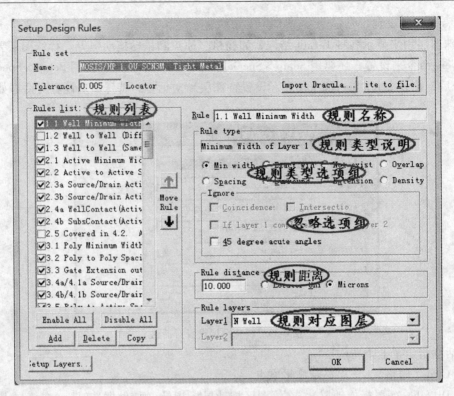

图6-34　设计规则设置对话框

为 T，设计规则的距离为 D，则图层对象的距离小于 $D-T$ 将被认为是违反规则。

3）Import Dracula（输入 Dracula）按钮。单击此按钮，打开 Import Dracula 对话框，把用于 Dracula 的设计规则文件转为 L-Edit 的设计规则。注：Dracula 是用于 Cadence IC 设计工具的设计规则检查模块。

4）Write to file（写文件）按钮。单击此按钮将打开 Write DRC Rules to File（把设计规则文件写到文件）对话框，在对话框中指定文件的路径和名称，文件的默认后缀是 RUL。

（2）Rules list（规则名称列表）列表框　每条设计规则都有一个唯一的名称表示，每个设计规则名称在列表框中占用一行。单击列表框中的某条设计规则名称使其高亮，表示该规则被选中。列表框下部有 Enable All（全部使能）和 Disable All（全部不使能）按钮，用来全选或全部取消选择设计规则列表框中的规则；还有 Add（添加）、Delete（删除）和 Copy（复制）按钮，用来添加新规则，删除和复制已有的规则。右面有 Move Rule Up（向上移动）和 Move Rule Down（向下移动）按钮，用来改变规则在列表框中的位置。

（3）Rule（规则）填充框　用来显示规则列表框中被选中规则的名称，在这个填充框中可以对规则名称进行更改。

（4）Rule type（规则类型）选项组　用来选择设计规则的类型。

设计规则类型说明框：用来说明所选用的设计规则类型。

设计规则类型选项组：用来选择设计规则类型，有8个单选框，每个单选框都表示一种设计规则类型，说明如下：Min width（最小宽度）、Spacing（间距）、Exact width（确切宽度）、Surround（包围）、Not exist（不存在）、Extension（延伸）、Overlap（重叠）和 Density（密度）单选框。

Ignore（忽略）选项组：选定某些设计规则类型时，有些情况可以不算违反设计规则，算是例外。主要有以下 4 个复选框：Coincidence（重合）、Intersection（相交）、If layer 1 completely outside layer 2（如果图层 2 完全包围图层 1）和 45 degree acute angle（45°锐角）。

（5）Rule distance（规则距离）选项组　用来规定规则的距离和单位。

数字填充框用来填写设计规则距离。

单位单选框用来选择规则距离所用的单位，主要有定位单位和工艺单位。

（6）Rule layers（设计规则图层）选项组　主要用来选定设计规则尺寸所对应的有效图层，包含 Layer1 和 Layer2 下拉图层列表框以进行选择。

（7）Setup Layers（设置图层）按钮　单击该按钮将打开 Setup Layers 对话框，进行图层设置。

在设置设计规则时可以按如下步骤进行：①在设计规则列表框中选择设计规则。②在 Rule type 选项组中选择设计规则类型，如有必要在 Ignore 选项组中选择所需的例外选项。③在Rule layers 选项组中选择图层 1 和图层 2（如果需要的话）。④在 Rule distance 选项组中设置设计规则的距离和单位。

设计规则集的建立不一定从零开始，如果要建立的设计规则集与已有的某个设计规则集很相近，可以对原有的实际规则集进行修改。一般情况下创建或修改设计规则集可以按如下步骤进行：①向集成电路制造厂索要设计规则集，一般情况下他们提供的设计规则集都有示意图。②详细检查每一条设计规则，决定需要什么样的生成层，生成层在 Setup > Layers 命令的 Setup Layers 对话框中定义。③最后，在 Setup Design Rules 对话框中进行设置或修改。

6. 保存设置

可以通过菜单把上面的设置信息保存为文本的格式以进行备份。选择菜单 File > Export Setup 命令打开 TTX Export（TTX 输出）对话框，TTX 输出对话框如图 6-35 所示。

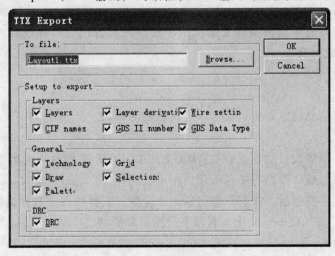

图 6-35　TTX 输出对话框

To file（到文件）填充框用来填写存放设置信息的 TTX 文件的路径和名称，可以直接填写，也可以用右面的 Browse（浏览）按钮进行路径选择。

Setup to export（设置输出）选项组用于决定将要保存的设置选择，选中对应的项后，相关的设置信息将被输出到 TTX 文件。

7. 替换设置

在进行版图设置的过程中,有时需要用到以前的设置,或直接把工艺厂家的设置信息拿来使用,此时可以进行设置替换操作。选择菜单 File > Replace Setup 命令打开 Replace Setup Information (替换设置信息) 对话框 (见图 6-36),以便把某个文件 (源文件) 的设置信息传递到当前文件 (目的文件),可以有五大类设置信息用这种方法传递:Layer、Design、Modules、SPR 和 BPR。

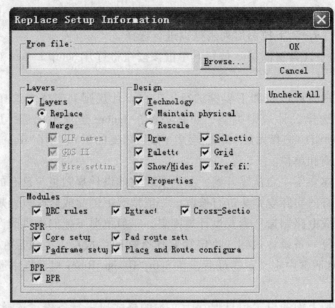

图 6-36 替换设置对话框

其中,From file 文本框用于输入源设置文件的路径和名称,也可以通过单击 Browse 按钮进行浏览选择。其他单选按钮或复选框用于选择将要替换的具体设置内容。选好后单击 OK 按钮就可以完成替换。

6.1.3 编辑操作

把相关的设置信息设定好后,就可以进行版图的编辑。

1. 绘制对象

在 L-Edit 中,版图设计数据保存在 TDB 文件中。TDB 文件由单元组成,单元由放在不同图层的绘图对象组成。绘图对象包括几何图形、例化体、端口及标尺。

在图层板选定了图层后,绘制对象包括两个步骤:选择绘图工具和执行绘图操作。

(1) 对象的类型   在 L-Edit 中,有以下绘图对象类型:

Box   长方形

Polygon   多边形,由直线连接相邻顶点而成的闭合图形。多边形分直角多边形、45°
            角多边形和任意多边形三类

Wire   连线,由相同宽度、一个或多个长方形线段端端相连而成的图形

Circle   圆,圆的参数是圆心和半径

Pie Wedge   弧扇,圆的一部分,用圆心、半径和扫描角说明

Torus	环扇，环的一部分，用圆心、内外半径和扫描角说明
Port	端口。端口是 L-Edit 的一个独特对象，是一种有注解文字的几何图形。有 0 维（点）、一维（线）和二维（长方形）三种
Instance	例化体，在一个单元中对另一个单元援引的符号
Ruler	标尺，带有刻度线，可以用来测量几何图形对象的尺寸。标尺在绘图中是一个重要的辅助工具

L-Edit 可以绘制的对象，除例化体外，都有 GDSII 数据类型属性，这个属性的值是 0 ~ 255。通常，对象的 GDSII 数据类型取图层的 GDSII 数据类型。有两种方法可以改变对象的 GDSII 数据类型属性，一是用文本编辑方法编辑对象时，在 Edit Object（s）（编辑对象）对话框的 GDSII Data Type（GDSII 数据类型）填充框中设置新值；二是使用 Draw > Assign GD-SII Data Type 命令，如活动图层已指定 GDSII 数据类型，该命令将把活动图层的 GDSII 数据类型传播到当前文件或所有打开的文件的所有已指定 GDSII 数据类型的图层和这些图层上的对象。

（2）绘图工具　绘图对象的类型可以在绘图工具栏中选择，注意，在菜单命令中没有相应的命令不可以用来选择绘图对象类型。每种绘图对象类型在绘图工具栏上都有一个相应的图标按钮。

把鼠标指针放在绘图工具栏上，用 CHOOSE 功能对应的鼠标按键单击一个绘图对象类型工具按钮，该按钮变为凹陷，标识被选中。然后用鼠标在版图区绘制这种类型的对象，这时所画的对象都是当前选中的类型，直到另一个对象类型被选中。

选择工具按钮不能绘制绘图对象，只能用来选择绘图对象。

（3）绘图基本对象　绘制对象时，先在绘图工具栏上选择对应的绘图对象工具，然后在绘图区通过移动、拖动鼠标完成操作。

基本对象主要包括长方形、多边形、连线、圆、端口和标尺等几个基本图形。绘制图形的过程中，根据应用参数的设定，来决定鼠标的基本操作，一般情况下鼠标的操作可以有单击、移动、拖动、双击和右击等基本操作，设计者一定要非常熟练地使用鼠标。

1）绘制原始对象。在绘制原始对象的过程中，根据对象类型的不同，可以将基本的原始对象分为两类：两点定位（主要是长方形、圆等）和多点定位对象（主要是多边形、连线、弧扇和环扇等），其基本的绘制操作是不同的。绘制两点定位对象时，要拖动鼠标操作；绘制多点定位对象时，要单击并移动鼠标操作。

2）绘制曲线。不能直接绘制带有圆弧边的多边形，但可以把已有多边形的边转变为圆弧曲线。在绘图工具栏上选任意角工具，用 SELECT EDGE 功能对应的鼠标按键选中要转换的多边形的边，再拖动 ARC/EDIT 功能对应的鼠标按键（Ctrl + Alt + 左键），把选中的边变为圆弧曲线。

在转变多边形的边为曲线的操作中，只能选中多边形的边，而不能选中多边形。

当把多边形的边变为曲线后，多边形变为任意角多边形，不能用 Draw > Nibble 命令来掏空，不能用 Draw > Slice > Horizontal 或 > Vertical 命令切割，也不能用 Draw > Merge 合并。

3）绘制例化体。例化体和矩阵都是 L-Edit 中的绘图对象。例化体是一个单元在另一个单元中特定位置和取向的代表。矩阵是由许多同一单元的例化体在垂直和水平方向按指定的距离排列而成。单个例化体相当于 1 × 1 的矩阵。如果一个设计中有某一单元的许多例化体，对于这个单元的任何改动都将自动在该单元的所有例化体中得到体现。

可以有如下三种方法创建例化体：

① 用设计浏览器创建例化体，把设计浏览器窗口的某单元拖放到同一文件另一单元的版图窗口中的某处，产生该单元的一个例化体。

把一个文件的设计浏览器窗口中某单元拖放到另一文件单元的版图窗口中的某处，这时会产生一个选择窗口，让你在复制和例化间进行选择。

② 用 Cell > Instance 命令或 instance（例化体）图标创建例化体。使用 Cell > Instance 命令或单击 instance 图标打开 Select Cell To Instance（选择单元例化）对话框，元件例化对话框如图 6-37 所示。

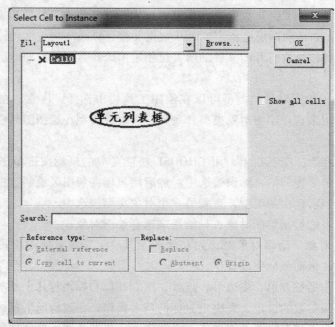

图 6-37　元件例化对话框

对话框中有以下选项：

File 下拉列表框：用来选择已经打开的文件。

Browse 按钮：用来在目录中选择外部文件。

单元列表框：用来选择被选中的文件的单元，被选中的单元名称将高亮。

Search 填充框：用来输入要搜索的文件中的单元，直接敲击键盘填写。

Show all cells 复选按钮：选中后会显示全部的单元。

Reference type 选项组：External Reference（外部引用）单选框表示选用的外部文件和单元成为交叉引用文件和交叉引用单元；Copy cell to current file（复制单元到当前文件）单选框表示在例化的同时将外部单元复制到当前文件，不引起交叉引用。

Replace 选项组：用另一个单元的例化体代替当前单元中原有的例化体时使用，选中 Replace 复选框后激活两个单选框。Abutment 单选框表示如果新例化体与将被替换的例化体的邻接端口正好重合，替换时，新例化体的邻接端口将放在被替换的例化体的邻接端口上；如果不符合以上的条件，将出现警告框，提示是否用例化体的中心替代。邻接端口是标准单元中的特殊端口，用于 SPR（标准单元布局布线）。Origin 单选框表示替代时新例化体的原点将放在被替换的例化体的原点上。例化体的原点是指它所援引单元的原点在例化体中的位置。

在对话框的单元列表中，名称前面有红色"X"号的单元不能被例化，用粗字体表示的单元名称表明该单元的修改还没有保存。

注意：两种情况下单元不能被例化，一是单元不能例化本身，二是不能递归例化，即某单元包含本单元的例化体，则本单元不能例化某单元。

不允许例化不同工艺文件中的单元，只有工艺相同的设计文件才可以相互援引对方的单元产生例化体。

③　用菜单 Draw→Group…绘制例化体。在版图编辑区，把准备变为例化体的几个对象选中，然后选择菜单 Draw→Group…，就可以绘制一个新的例化体出来。

2. 选择对象

很多时候需要对绘制好的对象进行编辑，此时需要首先选中该对象，选中一个对象是为了保证随后的编辑操作只作用于该对象。另外，可以同时选中多个对象。在默认的设置下，选中的对象被黑色的轮廓线包围。

在打开同一单元的多个视图时，对象的选中在其余的视图中都能得到反映。如同时打开的是某个单元和含有它的例化体的单元视图，该单元中对象的选中并不能在它的例化体中得到反映。

要进行选择或去选，先要选中绘图工具栏中的选择工具，然后用鼠标指针指向要选择或去选的对象，单击 SELECT 键。鼠标指针与对象的距离影响对象的选择、去选和编辑。

（1）显选　用单击来进行显选，把鼠标指针放在要选择的对象的附近，单击 SELECT键。在选中对象的同时，所有原来选中的对象都自动被去选，显选时鼠标指针与要选择的对象的距离在选择范围内。

拖动 SELECT 键，形成一个选择框（选择框在特殊图层 Drag Box Layer 上），框内的对象全部被选中（对象必须完全在选择框内）。

（2）循环选择　在数个对象的附近（包括在对象内）单击 SELECT 键，先选中在选择范围内最近的对象，接着按对象与鼠标指针距离的远近，相继选中在选择范围内的其他对象（原来选中的对象去选）。当在选择范围内最远的对象被选中后，接着选中的又是距离最近的对象，开始新一轮的循环选择。

（3）扩展选择　要在选中的一群对象中增加一个选中的对象，用扩展选择。扩展选择用单击 EXTEND SEL 键（按下 Shift 键，鼠标左右键的功能变成 EXTEND SEL）实现。单击 EXTEND SEL 键不去选原来选中的对象。

（4）隐选　如果没有任何对象被选中，在一个对象的中间或附近（在选择范围之内）按下 MOVE/EDIT 键，该对象被选中，可以开始移动或编辑操作。

如果原来有选中的对象，而且离鼠标指针不够远（在去选范围之内），按下 MOVE/ED-IT 键后，鼠标指针附近的在选择范围内的对象并不被选中，移动或编辑操作将作用在原来选中的对象上。为避免这种潜在的问题，可以采用以下措施：①在进行隐选操作前，先使用 Edit > Deselect All 命令。②设置合适的去选范围。

（5）全选　使用 Edit > Select All 命令可以选中当前单元中的所有对象。

（6）显去选　在对象选择范围内单击 DESELECT 键，或拖动 DESELECT 键绘制包围对象的选框，可以在不影响其他对象选择状态的情况下，去选原来被选中的对象。在一个没有选中的对象上单击 DESELECT 键或在被选中的对象的选择范围外单击 DESELECT 键，对于对象的选择状态不产生影响。

（7）隐去选　在离选中的对象远于选择范围的地方单击 SELECT 键，将自动去选所有这些选中的对象。如果某些对象在选择范围内，在去选的同时将开始新一轮的循环选择。

在离选中的对象远于去选范围的地方单击或按下 MOVE/EDIT 键，将自动去选所有选中的对象。如果离选中对象的距离小于去选范围，单击或按下 MOVE/EDIT 键后无去选作用。

（8）隐藏去选　当图层被隐藏时，该图层上所有被选中的对象将自动去选，这样就可以防止隐藏的对象被编辑。当图层恢复可见时，这些对象将保持去选状态。

（9）全去选　Edit > Deselect ALL（热键 Alt + A）命令使当前单元中所有的对象去选。

（10）选择图层　Draw > Pick Layer（热键为 A）命令把当前图层转换成选中的对象（包括例化体）所在的图层。如果没有选中的对象，当前图层将转换到离鼠标指针最近的对象所在的图层。

3. 编辑对象

L-Edit 中的对象可以进行图形编辑。图形编辑是联合鼠标键和键盘键来完成的。在图形编辑中，可以改变对象的大小和形状，进行扩展编辑，在多边形和连线中添加顶点，以及对对象做切割操作。

（1）基本编辑　图形编辑用来改变对象的大小和形状。对于长方形、端口和多边形，改变大小形状用移动对象的顶点或边来做到。对于圆，移动圆周改变半径。对于连线，只能调节顶点来改变长度，改变连线的宽度必须用文本编辑。

在执行图形编辑时，先要选中对象。当鼠标指针离对象的顶点或边的距离等于或小于编辑范围时，按下 MOVE/EDIT 键，拖动鼠标，将移动对象的边或顶点。如果鼠标指针离对象的边或顶点的距离大于编辑距离时，执行的将是移动对象操作。

要注意一次只能编辑一个对象，如果有两个以上的对象被选中，MOVE/EDIT 键将只执行移动操作。

如果当前没有选中任何对象，可以把鼠标指针放在对象的顶点或边的编辑范围内，按下 MOVE/EDIT 键，对象将暂时隐选中，然后拖动对象的顶点或边进行编辑。在编辑完成后，释放 MOVE/EDIT 键，对象将自动去选。

（2）扩展编辑　SELECT EDGES 命令用来选择对象的边或整个对象，按下 SELECT EDGS 键，拖动鼠标，形成一个长方形，完全在框内的对象和对象的边都将被选中。但是，按下 SELECT EDGS 键时，所有操作前被选中的对象和边都将被去选。

EXTEND SELECT EDGES 命令的用法与 SELECT EDGES 命令基本相同，但是在按下 EXTEND SELECT EDGES 功能对应的鼠标按键时，原来被选中的对象和边不去选。所以这条命令可以用来在已选的边或对象的集合中，添加新选中的成员。另外，还有一条 EXTEND UNSELECT EDGES 命令，用来使部分被选中的边或对象去选。

被选中的多条边可以用 MOVE/EDIT 键来移动，从而一次改变多个对象的形状和大小。

因为弧扇和环扇实际上是多边形，它们的部分圆弧可以被以上命令选中。圆周是一个整体，不能被部分选中。

（3）复杂编辑　图形编辑主要是对已绘制好的图形对象进行修改，主要包括增加顶点、增加连线线段、切割、合并和掏空等操作。

1）增加顶点。把鼠标指针放在任意多边形的边上，按下 Vertex 键拖动鼠标，鼠标指针所在边上的点将变为一个新顶点，并随鼠标移动。

2）添加连线线段。选中连线后，Draw > Add Wire Section 命令激活，进入 Add Section（添加连线线段）模式。这时，单击选中连线的水平线段或垂直线段部分，会在已有的连线上插入一段相同图层的连线线段。添加连线时重贴的连线会变成无色（模糊填充）。在单击 CANCEL 键后会自动回到绘图模式。

3）切割。可以用 Draw > Slice > Horizontal 和 Draw > Slice > Vertical 命令把选中的对象（可以包括多个对象）水平或垂直切断。使用切割命令后，在窗口中出现随鼠标指针移动的黑色水平线或垂直线。把线移动到要切割的位置，单击左键，切割完成。圆和标尺不能被切割（不同软件版本操作可能会有差别）。

4）合并。可以用 Draw > Merge 命令把多个选中的、相互重叠的、在同一个图层的长方形、多边形（限 45°角和 90°角）和连线合并成一个对象。能被合并的对象不包括任意角多边形、任意角连线、圆、弧扇、环扇和标尺（不同软件版本操作可能会有差别）。

5）掏空。菜单 Draw > Nibble 命令的作用是在对象中切去一块。能被掏空的几何对象类型限于长方形、90°角多边形、45°角多边形、90°角连线及 45°角连线。做掏空操作时，还要选择绘图工具作为掏空工具，可以用掏空工具的也局限于以上所说的几何对象类型。进行掏空操作时，先选中要掏空的对象，接着在绘图工具栏选择掏空工具，最后使用 Draw > Nibble 命令。这时 L-Edit 状态栏右面的模式指示变为 Mode：Nibble，在要掏空的对象中绘制掏空图形。含有曲线的多边形不能掏空、合并和分割。

6）曲线的近似和直线化。如果要把设计输出为 CIF 或 GDSII 文件格式，可以先把曲线近似为多边形，或干脆把曲线去掉。如不这样，在输出中，L-Edit 将自动用多边形来近似曲线。Draw > Curves > Approximate 命令把多边形中连续的曲线转换为一系列直线边，把对象变成真正的多边形。Draw > Curves > Straighten 命令把多边形中的所有曲线变成直线。

（4）文本编辑　L-Edit 中的对象除了可以进行图形编辑外，还可以进行文本编辑，文本编辑采用数字量化的方式去精确地改变对象的参数值。文本编辑用 Edit > Edit Objects 命令启动，使用命令后出现 Edit Objects 对话框。

对话框的上部有图层下拉选框，用来显示和改变对象所在的图层。GDSII Data 数字框用来选择 GDSII 数据类型。

对话框内有 7 个标签以区分可以编辑的对象：Boxes（长方形）标签、Polygons（多边形）标签、Wires（连线）标签、Circles（圆）标签、Ports（端口）标签、Rulers（标尺）标签和 Instance（例化体）标签。

1）长方形。要编辑长方形，先选中要编辑的长方形对象，再用 Edit > Objects（热键 Ctrl + E）命令打开 Edit Objects 对话框的 Boxes 标签，长方形文本编辑对话框如图 6-38 所示。

Show box coordinates 下拉列表框用于选定显示的方式。Corners（对角）：在 Coordinates（坐标）选项框显示左下角和右上角的坐标；Bottom left corners and dimension（底边左角和尺寸）：在 Coordinates（坐标）选项框显示左下角坐标和长方形的长、高；Center and dimen-

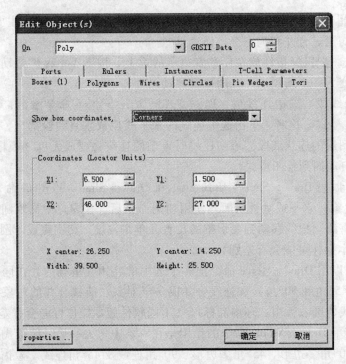

图 6-38　长方形文本编辑对话框

sion（中心和尺寸）：在 Coordinates（坐标）选项框显示对象中心的坐标和长方形的长、高。

Coordinates 选项组用于设定具体坐标或数值，此处的显示内容与 Show box coordinates 下拉列表框的选择有关。图 6-38 所示内有长方形两个对角顶点坐标的数字框，可以修改相关的内容。

2）多边形。先选中要编辑的多边形，使用 Edit > Edit Objects 命令打开 Edit Objects 对话框。多边形文本编辑对话框如图 6-39 所示。

Polyons（1）多边形顶点列表框列出可以直接修改的多边形顶点坐标。Add Vertex 和 Delete Vertex 两个按钮用来增加和删除顶点。

3）圆。首先选中要编辑的圆，使用 Edit > Objects 命令打开 Edit Objects 对话框，圆文本编辑对话框如图 6-40 所示。

Center 选项组有 X 和 Y 两个数字框，用来显示和更改圆心的坐标；

Radius 数字框用来显示和更改圆的半径。

4）多个对象的编辑。可以用 Edit > Objects 命令同时编辑多个对象。Edit Objects 对话框的每个标签中，对象类型标签旁边标有被选中的该类型对象的数目。当类型不同的对象被选中时，各自标签上显示该类型被选中对象的数目。注意，有些类型对象在进行多个编辑时，一些数字框变成灰色，即不能进行编辑。

5）例化体的编辑。在绘图区不能改变例化体和矩阵的大小和形状，也不能切割和合并。作为一个整体，例化体可以被移动和旋转。

想要编辑例化体可以打开所援引的原单元进行修改，或者用 Edit > Edit-in-place（原地编辑）命令来修改。

① 原地编辑。首先选中要编辑的例化体，执行 Edit > Edit-in-place > Push into 命令进入

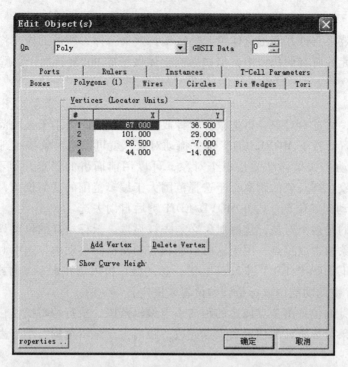

图 6-39　多边形文本编辑对话框

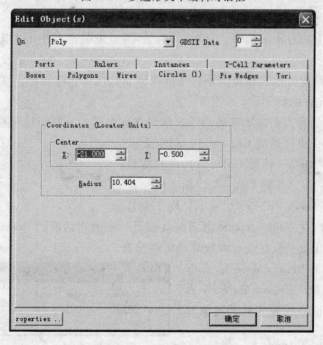

图 6-40　圆文本编辑对话框

例化体。进入例化体后就可以像打开例化体所援引的单元一样，对单元的内容进行编辑。当编辑的对象是几何图形时，可按编辑普通几何图形的方法进行编辑。如果要编辑的对象是例化体，则继续按上述方法进入子例化体内部进行编辑。

②　直接编辑。用 L-Edit 直接打开要编辑的例化体所对应的单元，进行各种图形对象的

操作。

原地编辑的效果与打开原例化体单元进行编辑效果一样，所做的修改将反映到例化体援引的单元和该单元的所有例化体中。但如果例化体做了非90°旋转操作，就不能进行原地编辑。

4. 移动对象

要移动对象，先选中对象，再把鼠标指针放在离对象的距离小于去选范围距离并大于编辑范围的任何位置，按下 MOVE/EDIT 键，拖动对象，就可以把对象移动到新的位置。

（1）鼠标移动　如果移动的是单个对象，可以用前面讲的隐选，即不用先选中对象，直接把鼠标指针放在离对象的距离小于选择范围大于编辑范围的任何位置，按下 MOVE/ED-IT 键，把对象移动到新位置。松开 MOVE/EDIT 键后自动去选。

如果要移动的是多个对象，这些对象必须先被显选。鼠标指针的位置只要求在去选范围内，不必考虑对象的边或顶点，因为这时只能做移动操作。移动中，选中对象的相对位置保持不变，同时按下 MOVE/EDIT 键和 Shift 键，移动操作被限制在水平方向或垂直方向。

MOVE/EDIT 键的功能由鼠标指针的位置来决定：

如果鼠标指针的位置离顶点或边的距离小于编辑范围，执行编辑操作；

显选时，如果鼠标指针的位置离顶点或边的距离大于编辑范围，小于去选范围，执行移动操作；

隐选时，如果鼠标指针的位置离顶点或边的距离大于编辑范围，小于去选范围，执行移动操作；

如果有两个以上的对象被选中，只要鼠标指针离对象的距离小于去选范围，MOVE/ED-IT 键总是执行移动操作。

编辑范围总是设置得比选择范围小，选择范围总是比去选范围小。实际上常设编辑范围是 0，去选范围为允许的最大值。

（2）递增移动　有四个递增移动命令，作用在选中的一个或一组对象上：

Draw > Nudge > Left（热键 Ctrl + ←），向左微移；

Draw > Nudge > Right（热键 Ctrl + →）向右微移；

Draw > Nudge > Up（热键 Ctrl + ↑）向上微移；

Draw > Nudge > Down（热键 Ctrl + ↓）向下微移。

每次移动量可以在 Nudge amount 数字框（在设计参数对话框的 Drawing 标签中）中进行设置，Nudge amount 数字框在设计参数对话框中设置。

（3）数字移动　Draw > Move by 命令用来移动选中的对象。Draw > Move By 命令产生 Move By 对话框，数字移动对象对话框如图 6-41 所示。

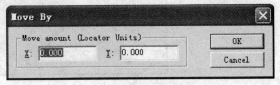

图 6-41　数字移动对象对话框

对话框中的 Move amount 填充框指定在 X、Y 轴方向的移动量。填写完对话框后，单击 OK 按钮，移动完成。

（4）旋转和翻转（镜像）　被选中的对象可以执行旋转操作，其中默认做90°角旋转的命令有一个，默认做水平或垂直镜像的命令有两个，每个命令在标准工具栏中都有相应的工具，可以按照要求改变选中的对象的取向。

Draw > Rotate 命令：旋转操作，使选中的对象沿它的几何中心逆时针旋转。

Draw > Flip > Horizontal（热键 H）：水平翻转或水平镜像操作，使选中的对象沿通过它几何中心的垂直轴翻转。

Draw > Flip > Vertical（热键 V）：垂直翻转或垂直镜像操作，使选中的对象沿通过它几何中心的水平轴翻转。

被选中的对象除了做 90°角旋转外，还可以做任意角度地旋转操作，执行菜单 Draw > Rotate...（热键 Ctrl + R），打开旋转对象对话框，任意角度旋转对象对话框如图 6-42 所示。其中 Rotation 数字框用于设定旋转的角度，Rotate around 选项组用于设定对象旋转时的旋转中心点。旋转中心点有三种方式：中心（Center）、中心偏移点（Offset from center）和绝对坐标点（Absolute coordinate）。当选择中心偏移点或绝对坐标点时可以在 X 和 Y 数字框中设定具体的数值。

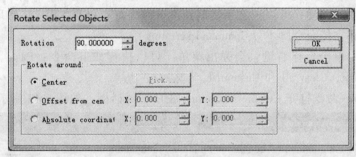

图 6-42　任意角度旋转对象对话框

（5）复制对象　可以用两种方法复制对象：①Edit > Copy 命令把选中的对象复制到内部剪贴板，再通过 Edit > Paste 命令把对象复制到版图绘图区，该命令可以把对象复制到同一文件的不同单元中。②Edit > Duplicate 命令直接将对象复制到绘图区。该复制在垂直和水平方向各偏离原来对象一个栅格点，复制完成后被复制的对象去选，新生成的对象被选中。该命令只能在同一单元内复制对象。

1）重复复制对象。当把用 Edit > Duplicate 命令产生的复制对象移动到新位置后，L-Edit 将记住偏离量，随后的 Duplicate 命令产生的复制对象自动使用上次的偏离量。利用这种方法可以快速和准确地产生规则的阵列。这种方法的缺点是要占用大量的内存，同时要注意操作时的技巧。

2）单元复制。用于单元复制和例化的命令是 Cell > Copy（复制）和 Cell > Instance（例化）。它们只适用于复制和例化单元，不能用于绘制对象。单元复制命令用于文件之间，单元例化命令可以用于同一文件内部和不同文件之间。

3）粘贴对象。L-Edit 有一个内部剪贴缓冲器，用来存储被剪切或复制的对象。内部剪贴缓冲器中的内容可以复制到同一文件中的不同图层以及同一文件的不同单元。内部剪贴缓冲器中的内容可以用于多次粘贴，直到使用新的复制或剪切命令，或文件被关闭，其中的内容才改变或消失。

Edit > Paste 命令：该命令把内部剪贴板中的内容放到当前单元视图的中央，对象所在的图层没有变化。

Edit > Paste To Layer 命令：该命令也把内部剪贴板中的内容放到当前单元视图的中央，但是对象所在的图层变为当前在图层板中选中的图层。

如果使用了粘贴到鼠标（粘贴到鼠标指的是粘贴对象时对象跟着鼠标走）属性，粘贴的对象将不会自动落到版图中央，而是随鼠标指针移动，只有当单击鼠标时才落到版图上。

5. 命令行编辑

L-Edit 增加了 Command Line（命令行）界面，可以用基本的文本命令和相关的坐标来执行精确和重复的对象操作，还可以使用文本文件的命令脚本。

使用 Tools > Activate Command Line 命令打开 Command Line 窗口，还可以用 View > Toolbars 命令打开 Toolbars 对话框使命令行在打开与关闭间切换。命令行窗口的默认位置在应用窗口的底部。

单击命令行窗口内部使其激活，出现闪动的光标，就可以写入命令。

命令行窗口中记录有以前使用的命令，使用上下箭头（↑↓）可以使光标在窗口中显示的使用过的命令间移动；可以把文字复制到窗口形成新的命令，用 Esc 键取消命令。

命令行窗口还支持命令脚本（Command scripting）。

命令行窗口中单击鼠标右键，会弹出菜单，可以执行如下命令：Paste、Copy、Copy to file、Delete last line、Clear all 和 Customize。

执行 Customize 命令打开 Customize Command Line 对话框，如图 6-43 所示。

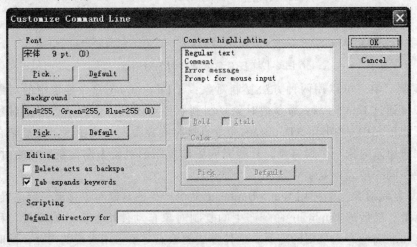

图 6-43　Customize Command Line 对话框

Customize Command Line 对话框用来配置命令行窗口的字体大小、颜色和背景，还可以指定命令行脚本文件的默认目录。

6.1.4　设计规则检查

在集成电路制造中，器件的几何图形受加工（光刻和腐蚀）精度的限制，物理学对器件图形大小和间距也有要求。为了满足以上几点要求，必须对设计好的版图进行检查，通常执行的检查是设计规则检查。

设计规则通常用图形的最小线宽、最小包含、最小间距和最小延伸来表达。因为工艺线的加工能力不同，每个集成电路制造厂都有自己的设计规则。

在 L-Edit 的主窗口，主菜单上的 Tools > DRC 命令（对整个单元）和 Tools > DRC Box 命令（对限定区域）进行设计规则检查校验。设计违规可以直接在版图上标出，也可以在文件中说明，或两者同时给出。

1. 检查设定

选择菜单 Tools > DRC 命令打开 Design Rule Check（设计规则检查）对话框，设计规则检查常用的设定对话框如图 6-44 所示。对话框有 General（通用）标签和 Advanced（高级）标签。

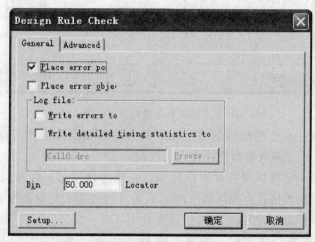

图 6-44　设计规则检查常用设定对话框

（1）General 标签　General 标签主要有以下选项：

Place error port 复选框用来选择是否使用错误端口。

Place error object 复选框用来选择是否使用错误对象。

Log file 选项组用于决定日志文件的相关信息。①Write errors to 复选框，用来选择是否把错误信息写到记录文件中。②Write detailed timing statistics to file（把详细时间统计信息写到文件）复选框，选中该复选框，在 DRC 记录文件中将把执行 DRC 检查所用时间的统计信息写到记录文件中。

DRC 记录文件填充框用来填写 DRC 记录文件的名称，DRC 文件用来存放错误信息和定时统计信息。

Bin 数字填充框用来规定箱格的尺寸（定位单位）。箱格是正方形的格子，由它构成的栅格把版图分成许多相邻的小块。检查设计规则时，是从左到右，从下向上，逐格检查。从版图最下一行的最左面的箱格开始，从左向右，到了最右边后往上一行，到最上一行最右面的箱格结束。

（2）Advanced 标签　单击 Advanced 标签，出现设计规则检查高级设定对话框，如图 6-45所示。Advanced 标签有以下选项：

Flag self-intersecting polygons and wires（标识自交多边形和连线）复选框，选中该项后，在 DRC 检查中如果发现有自交多边形和连线，将加上错误标记。

Flag objects ignored by DRC（标识 DRC 忽略的对象）复选框，选中该项后，在 DRC 检查中如果发现有 DRC 忽略的对象，将加上错误标记。DRC 忽略的对象包括任意角多边形和

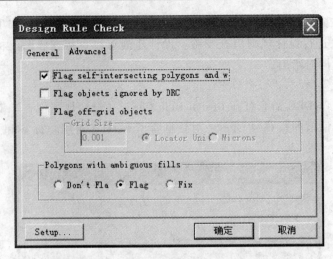

图 6-45   设计规则检查高级设定对话框

连线、圆弧形和环扇、具有曲线边的多边形、具有圆形端点或连接式样（Round wire ends and joins style）的连线、具有伞形连接样式的连线。

Flag off-grid objects（标识离格对象）复选框，选中该项后，将标识不是全部边都在指定栅格上的对象，包括离格顶点和离格布图的单元（该检查在把版图数据合并前执行）。所有的错误用错误端口标识，并写到 DRC 记录文件中。

Grid Size（栅格尺寸）填充框，如果选中 Flag off-grid objects 复选框，该填充框激活，用来规定用在离格检查的栅格尺寸。栅格的单位可以选定定位单位或 Lambda。

Polygons with ambiguous fills 选项组，包括三个单选框：①Don't Flag（不标识）单选框，选中后，表示忽略含糊填充的多边形。②Flag（标识）单选框，选中后，表示标识含糊填充的多边形。③Fix（标定）单选框，选中后，表示标识含糊填充的多边形，并且对它们执行合并操作。合并操作后，因为消除了重叠和缠绕，含糊填充多边形变成正常的多边形。

2. 检查操作

完成版图后，要进行版图检查。

（1）检查全部单元   要检查全部单元，用 Tools > DRC 命令打开 Design Rule Check（设计规则检查）对话框。

设置完以后，直接单击确定按钮，就可以进行设计规则检查，错误端口和错误对象将被放在特殊层 Error 层上。检查完毕后，L-Edit 将显示发现的错误总数。如果在某一个箱格中有一个违规，在特殊层 Error 层上用一个中间打有叉号的方块标识。

（2）区域检查   当版图中的限定区域或某些对象要进行设计规则检查时，使用区域检查。在版图中创建了某些对象后，或要纠正版图中某个违反设计规则区域的错误时，区域检查是很有用的。

要进行区域检查，使用 Tools > DRC Box 命令，再用 DRAW 键在要进行设计规则检查的版图区域画出一个选择框，松开 DRAW 键后就会弹出与全部单元检查一样的对话框，进行必要设置后，单击 OK 按钮就会在选定区域进行设计规则检查。检查完成以后，报告错误的方式与全部单元检查一样。

3. 改正错误

（1）错误标记　在 Design Rule Check 对话框中选中了 Place Error Port 和 Place Error Object 复选框后，DRC 检查时，在发生违反设计规则的位置将会在特殊图层 Error 图层上放置 Error Port 和 Error Object。

Error port 这个标记的名称由所违反的设计规则的名称与放在方括号内的对错误性质的说明组成。Error object 是一段连线，放在版图中违反设计规则的位置，指示错误的距离。Error Port 和 Error Object 可以移动、删除、隐藏和显示。

（2）错误文件　错误也可以写到文件中，这是一个文本文件，默认的名字是 cell. drc。其格式如下：

DRC errors in cell of file.

Rule = value unit；$(x1, y1) \rightarrow (x2, y2)$

…

number errors

…

其中的斜体字为变量，要用实际参数代替。

cell：单元名称；

file：设计文件名称；

Rule：违规的设计规则名称；

value：设计规则所要求的值；

unit：单位；

$(x1, y1) \rightarrow (x2, y2)$：版图中发生错误位置的坐标。

number：总的错误数。

（3）寻找错误标记　在执行设计规则检查后，要确定发生违反设计规则的地方，用 Edit > Find 命令、Edit > Find Next 命令以及 Edit > Find Previous 命令查找 Error Object 和 Error Port。Edit > Find 命令打开 Find Object（s）对话框，如图 6-46 所示。

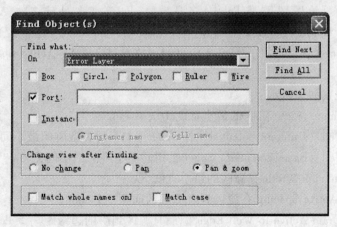

图 6-46　Find Object（s）对话框

在对话框的图层下拉列表框中选择特殊图层 Error Layer。在对象复选框中选中 Port 和 Wire 复选框，同时选中 Pan 单选框或 Pan&Zoom 单选框。

因为错误层上的错误信息在未选中前是看不见的，搜寻到错误后，相应的错误端口或错误对象就会被选中。于是当查找命令在特殊层 Error Layer 上查找 Error Port 时，一次只能显示一个 Error Port 的名称。因为选中了 Pan&Zoom 单选框，错误的位置会自动移到窗口中央。

（4）清除错误标记　错误层上的错误标记可以用 Tools > Clear Error Layer 命令来清除。使用 Tools > DRC 或 Tools > DRC Box 命令时，上一次的错误标记也会被清除。

6.1.5　基于 L-Edit 单元的版图

经过前面的基本学习，我们已经初步掌握了版图编辑器 L-Edit 的基本设定与使用，下面就用 L-Edit 设计并绘制几个基本单元的版图。

1. 工艺库数据的设定

进行版图设计前，要先了解并熟悉将来所要采用的工艺水平。从工艺厂家那里要到所需要的库文件，并把需要用到的设置信息输入到 L-Edit 编辑环境中去。

启动版图编辑器 L-Edit，启动后首先进行基本的设置，先进行应用参数的设置，具体内容前面已经讲过，此处采用默认设置。然后进行设计参数的设置，主要设置工艺单位、鼠标参数等，此处也采用默认设置，默认设置时每个次栅格对应的物理尺寸为 $1\mu m$，主栅格的尺寸为 $10\mu m$。最后进行工艺参数的设定，首先要读取工艺厂家提供的数据包，把基本的图层设置信息、设计规则信息等在该软件中进行设置，这里不再详细介绍，此处采用 L-Edit 软件所自带的 $1.25\mu m$ 工艺的工艺参数进行替换，具体的设置文件为软件安装目录下的 ".\ Samples \ SPR \ example1 \ lights. tdb" 文件，替换设置的操作前面也已经讲过，此处不再详述。

替换后的图层信息和设计规则也可以通过设置窗口进行查看，此处列出基本设计中主要用到的一些图层和规则。

用到的图层主要有以下一些：五个特殊图层是 Grid Layer（栅格图层）、Drag Box Layer（拖动矩形图层）、Origin Layer（原点图层）、Cell Outline Layer（单元外轮廓图层）和 Error Layer（错误图层）。绘图图层是 Poly（多晶硅）、Poly2（多晶硅 2）、Active（有源区）、Metal1（金属 1）、Metal2（金属 2）、N Well（N 阱）、N Select（N 选择区）、P Select（P 选择区）、Poly Contact（多晶硅孔）、Poly2 Contact（多晶硅 2 孔）、Active Contact（有源区孔）和 Via（通孔）等。

主要的设计规则如下所示。

1.1 Well Minimum Width 阱区的最小宽度 10λ

1.2 Well to Well（Different potential）Not checked 不同类型阱的最小间距

1.3 Well to Well（Same Potential）Spacing 相同类型阱的最小间距 6λ

2.1 Active Minimum Width 有源区的最小宽度 3λ

2.2 Active to Active Spacing 有源区到有源区的间距 3 Lambda

2.3a Source/Drain Active to Well Edge 源漏有源区到阱的边缘距离 5 Lambda

2.3b Source/Drain Active to Well Space 源漏有源区到阱的间距 5 Lambda

2.4a WellContact（Active）to Well Edge 阱孔到阱的边缘 3 Lambda

2.4b SubsContact（Active）to Well Spacing 衬底孔到阱的间距 3 Lambda

3. 1 Poly Minimum Width 多晶硅的最小宽度 2 Lambda

3. 2 Poly to Poly Spacing 多晶硅的最小间距 2 Lambda

3. 3 Gate Extension out of Active 栅延伸有源区 2 Lambda

3. 4a/4. 1a Source/Drain Width 源漏区的最小宽度 3 Lambda

3. 4b/4. 1b Source/Drain Width 源漏区的最小宽度 3 Lambda

3. 5 Poly to Active Spacing 多晶硅到有源区的间距 1 Lambda

4. 2a/2. 5 Active to N-Select Edge 有源区到 N 选择的边缘距离 2 Lambda

4. 2b/2. 5 Active to P-Select Edge 有源区到 P 选择的边缘距离 2 Lambda

4. 3a Select Edge to ActCnt 选择区边缘到有源区孔 1 Lambda

4. 3b Select Edge to ActCnt 选择区边缘到有源区孔 1 Lambda

4. 4a Select Minimum Width N 选择区最小宽度 2 Lambda

4. 4b Select Minimum Width P 选择区最小宽度 2 Lambda

4. 4c Select to Select Spacing N 选择到 N 选择的间距 2 Lambda

4. 4d Select to Select Spacing P 选择到 P 选择的间距 2 Lambda

5. 1A Poly Contact Exact Size 多晶硅孔的精确间距 =2 Lambda

5. 2A/5. 6B FieldPoly Overlap of PolyCnt 场区多晶硅包含多晶硅孔的间距 1. 5 Lambda

5. 3A PolyContact to PolyContact Spacing 多晶硅孔到多晶硅孔的间距 2 Lambda

6. 1A Active Contact Exact Size 有源区孔的精确宽度 = 2 Lambda

6. 2A FieldActive Overlap of ActCnt 场有源区包含有源区孔的间距 1. 5 Lambda

6. 3A ActCnt to ActCnt Spacing 有源区孔到有源区孔间距 2 Lambda

6. 4A Active Contact to Gate Spacing 有源区孔到栅的间距 2 Lambda

7. 1 Metal1 Minimum Width 金属 1 的最小宽度 3 Lambda

7. 2 Metal1 to Metal1 Spacing 金属 1 到金属 1 的间距 3 Lambda

7. 3 Metal1 Overlap of PolyContact 金属 1 包含多晶硅孔的间距 1 Lambda

7. 4 Metal1 Overlap of ActiveContact 金属 1 包含有源区孔的间距 1 Lambda

8. 1 Via Exact Size 通孔的精确宽度 = 2 Lambda

8. 2 Via to Via Spacing 通孔到通孔的间距 3 Lambda

8. 3 Metal1 Overlap of Via 金属 1 包含通孔的间距 1 Lambda

8. 4a Via to PolyContact spacing 通孔到多晶孔间距 2 Lambda

8. 5b. Via to ActiveContact Spacing 通孔到有源区孔间距 2 Lambda

8. 5a Via to Poly Spacing 通孔到多晶硅间距 2 Lambda

8. 5b Via（On Poly）to Poly Edge 多晶硅包含多晶通孔的间距 2 Lambda

8. 5c Via to Active Spacing 通孔到有源区间距 2 Lambda

8. 5d Via（On Active）to Active Edge 有源区包含有源通孔的间距 2 Lambda

9. 1 Metal2 Minimum Width 金属 2 最小宽度 3 Lambda

9. 2 Metal2 to Metal2 Spacing 金属 2 到金属 2 的间距 4 Lambda

9. 3 Metal2 Overlap of Via1 金属 2 包含通孔的间距 1 Lambda

在绘制版图之前一定要详细了解这些规则的具体数据，只有这样才能在版图设计中设计出性能良好、面积最优的芯片版图。

2. 版图编辑实例

设置好设计规则以后，就可以进行版图设计。我们的主要目的是学习软件的基本使用，因此下面的设计实例只考虑最少的绘图层，以前面讲过的图层为基础，本实例只考虑如下几个绘图层：N阱层、有源区层、N型选择层、P型选择层、多晶硅层和有源区接触孔层。

下面以实际的版图设计为例，来讲述如何用L-Edit软件设计版图，所有绘制的版图都是对应的草图，即版图中的所有尺寸没有经过严格精确的计算。

（1）NMOS晶体管版图设计　首先新建一个单元，命名为NMOS，单击确定按钮。新建NMOS单元示意图如图6-47所示。

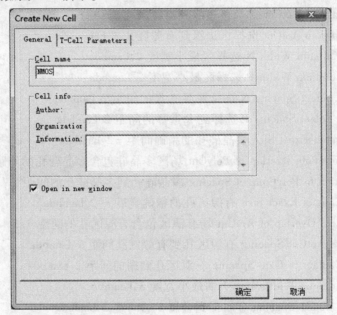

图6-47　新建NMOS单元示意图

此时标题栏中会显示文件名和单元名。

在绘图区可以进行版图的绘制。

1）绘制有源区。考虑NMOS器件需要的Active图层的大小，在Active中要有一个有源区的接触孔，因此要考虑孔的大小和有源区包含孔的尺寸，即有源区的宽度最小为"孔的最小宽度规则值+2倍有源区包含孔的规则值"。宽度定好以后，考虑有源区的长度，在源区和漏区要各有一个孔区，则有源区的长度最少为"2倍有源区包含孔的规则值+2倍孔的最小宽度规则值+2倍孔与栅区的间距的规则值+沟道长度的规则值"。

在图层板中选择有源区（Active）图层按钮，然后在绘图工具栏中选择矩形工具，按照计算好的尺寸绘制有源区的图形，如图6-48所示。

2）绘制N型选择层。绘制N型选择层时要考虑N型选择层的最小宽度，同时要考虑有源区的具体尺寸，即N型选择区的最小尺寸为"有源区的尺寸+2倍N型选择区包含有源区的最小包含规则值"。在图层板中选择N型选择层（N Select）图层按钮，然后在绘图工具栏中选择矩形工具，按照计算好的尺寸绘制N型选择层的图形，如图6-49所示。

3）绘制栅区。绘制栅区时要考虑栅区的最小宽度、栅区延伸出有源区的最小长度。栅区延伸有源区时两边都要有延伸，因此所绘制栅区的最小宽度为"多晶硅的最小宽度"，最

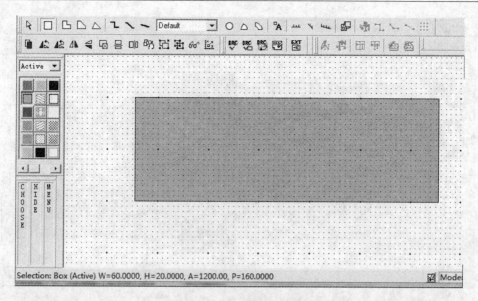

图 6-48　绘制的有源区图形

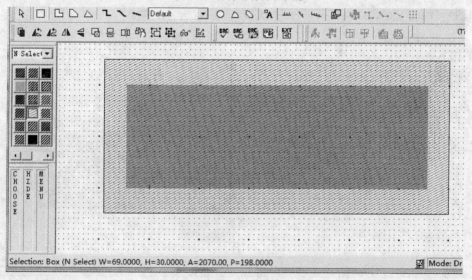

图 6-49　绘制 N 型选择层的图形

小长度为"有源区的宽度 + 2 倍栅区延伸有源区的规则值"。

在图层板中选择栅区（Poly）图层按钮，然后在绘图工具栏中选择矩形工具，按照计算好的尺寸绘制栅区图形，如图 6-50 所示。

4）绘制有源区的接触孔。根据设计规则中接触孔的最小宽度值，在有源区两端规定的区域内绘制两个接触孔，同时要注意考虑有源区包含孔的有关规则值。接触孔的尺寸为"接触孔的最小宽度规则值"，同时要注意接触孔的位置，即接触孔与有源区的包含关系（有源区包含接触孔的规则），同时又要考虑接触孔与栅区之间的距离（接触孔与栅区的最小间距值）。

在图层板中选择有源区接触孔（Active Contact）图层按钮，然后在绘图工具栏中选择矩形工具，按照计算好的尺寸绘制图形，如图 6-51 所示。

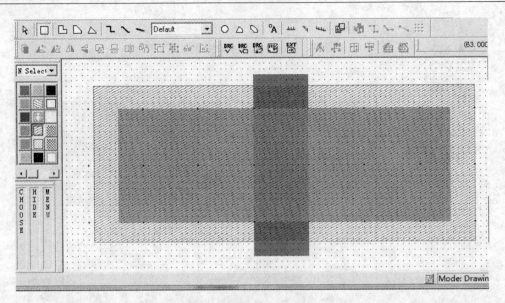

图 6-50　绘制栅区的图形

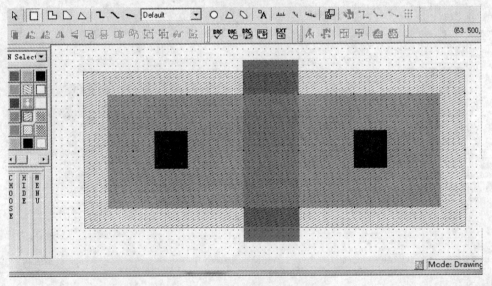

图 6-51　绘制有源区接触孔的图形

5）绘制金属图层。根据设计规则中有关金属连线的规则，首先考虑金属连线的最小宽度，其次要考虑金属线包含接触孔的规则值，即金属线的宽度值为"接触孔的最小宽度值+2 倍金属线包含接触孔的值"，按照计算好的尺寸绘制两个金属连线的图形。

在图层板中选择金属（Metal1）图层按钮，然后在绘图工具栏中选择矩形工具，按照计算好的尺寸绘制图形，如图 6-52 所示。

至此，一个基本的 NMOS 晶体管就绘制完成，不过多晶硅栅区并没有接触孔。接下来可以进行版图设计规则检查，以保证设计的尺寸符合工艺要求。

（2）PMOS 晶体管版图设计　　PMOS 晶体管的绘制过程与 NMOS 晶体管的绘制过程基本相似，只是在绘制 PMOS 晶体管的时候，要绘制在 N 型阱区中，因此绘制的过程多了一步，同时选择层也要绘制成 P 型选择层。PMOS 晶体管的具体绘制顺序为：N 型阱层、有源区

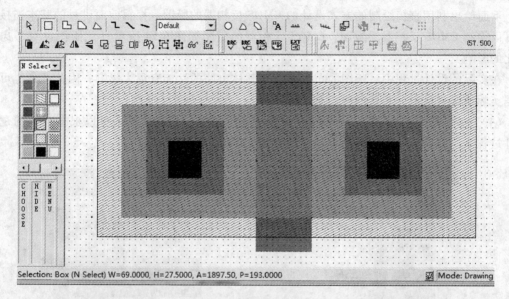

图 6-52　绘制金属线的图形

层、P 型选择层、多晶硅层、有源区接触孔层和金属层。注意 N 型阱区的尺寸要考虑阱区的最小宽度规则值和阱区包含有源区的规则值，即阱区的尺寸为"有源区的尺寸 + 2 倍阱区包含有源区的规则值"。具体的绘制过程不再详述，绘制好的基本 PMOS 晶体管版图如图 6-53 所示。

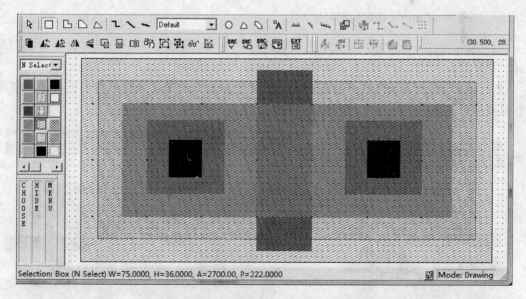

图 6-53　绘制好的基本 PMOS 晶体管版图

（3）反相器　基本的 CMOS 反相器有一个 NMOS 晶体管和一个 PMOS 晶体管，在设计 CMOS 反相器的时候，可以按照设计基本 MOS 晶体管的方式进行尺寸的分析计算并绘制图形，也可以采用例化的方式进行设计。采用例化的方式设计版图时，直接利用前面已经设计好的 NMOS 晶体管和 PMOS 晶体管，例化的具体操作步骤前面已经讲过，可以自己进行练习。

　　下面给出利用直接绘制的方式设计的 CMOS 反相器的版图。根据前面讲过的基本连接关系可以绘制 CMOS 反相器的版图，CMOS 反相器的版图如图 6-54 所示（此版图没有考虑宽长比的影响）。

　　在实际的设计过程中，版图的布局布线对整体电路的性能有很大影响，因此读者也可以根据实际情况来设定反相器的版图布局。

　　（4）与非门　与非门是集成电路中重要的基本单元，其逻辑关系可以根据前面的逻辑设计过程来进行设计。对应的简单与非门版图如图 6-55 所示。

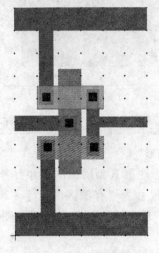

图 6-54　CMOS 反相器的版图

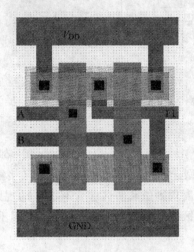

图 6-55　与非门版图

　　（5）或非门　或非门是集成电路中重要的基本单元，其逻辑关系可以根据前面的逻辑设计过程来进行设计。对应的简单或非门版图如图 6-56 所示。

　　（6）异或门　异或门是集成电路中重要的基本单元，其逻辑关系可以根据前面的逻辑设计过程来进行设计。对应的简单异或门版图如图 6-57 所示。

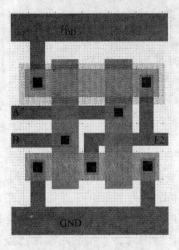

图 6-56　或非门版图

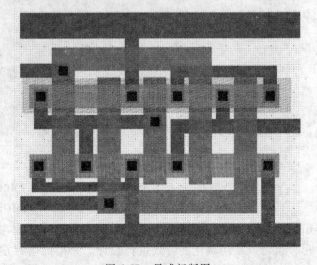

图 6-57　异或门版图

　　前面给出的四个基本版图只是画出了版图的简单示意图，MOS 晶体管的第四个电极体电极没有进行连接，而且版图中 MOS 晶体管的尺寸没有经过精确计算，或者说上面的版图只能理解为版图的草图。在实际设计的过程中，要根据实际的工艺水平和工艺图层来进行设计，特别是现在随着多层布线的越来越普及，版图变得越来越复杂。而且在真正设计的过程中，基本单元的版图要根据工艺厂家给出的版图库中的版图来进行设计，一般情况下设计者可以使用工艺厂家提供的版图库中的标准单元，而不能修改库中的标准单元的版图布局布线情况。

6.2 版图编辑器 Virtuoso 基础

Cadence Design Systems Inc. 是全球最大的电子设计技术（Electronic Design Technologies）、程序方案服务和设计服务供应商之一，其电子设计自动化（Electronic Design Automation，EDA）产品涵盖了电子设计的整个流程，包括系统级设计、功能验证、IC 综合及布局布线、模拟、混合信号及射频 IC 设计、全定制集成电路设计、IC 物理验证、PCB 设计和硬件仿真建模等。电子设计自动化产品中对应的版图设计工具为 Virtuoso Layout Editor。

6.2.1 版图编辑器 Virtuoso 简介

Virtuoso 是全定制设计工具，包括电路设计工具 Virtuoso Schematic Composer（可以进行原理图输入，支持 VHDL/HDL 的文本输入）、仿真工具 Affirma Spectra（高级电路仿真器，功能和 Spice 类似）、版图设计工具 Virtuoso Layout Editor（可以进行版图的绘制和验证等）、验证工具 Dracula（版图验证和参数提取工具）等。Virtuoso 可以实现从前端到后端的全定制设计过程，为定制模拟、射频和混合信号集成电路提供了极其迅速而精确的设计方式。

Virtuoso 主要优点有：①使用层次编辑器对大型复杂设计进行层次式视觉化呈现。②使用内置的设计规则检查功能，尽早发现设计问题。③快速执行命令，用户可以配置快捷键和菜单。④通过维持设计与规格之间的协定，以及通过管理设计、工艺和规格变更的确认来降低风险。⑤将设计结果视为一种 IP（知识产权），方便设计的再利用。⑥通过约束以设计规则为导向的功能，自动确保设计与工艺之间的实时准确性，依次提供生产力和设计质量。

6.2.2 Virtuoso 界面与快捷键

1. Virtuoso 的界面

在本地计算机远程登录服务器后，就可以通过命令启动 Virtuoso 工具。

首先在 Library Manager 窗口中创建一个新的库 mylib，用于存放自己绘制的版图，在建库的过程中必须在 compile a new tech file 和 attach to an exsiting tech file 选项中做出选择，此选项要根据具体的实际情况进行选择。此处选择第一项 compile a new tech file，此时会弹出 Load Technology File 对话框，如图 6-58 所示。

在 ASCII Technology File 框中填入对应的工艺文件（一般扩展名为 . tf）即可，单击 OK，自己的库建立完毕。

接着就可以建立自己的单元了，此处建立一个单元的版图 View，当然，为了设计的完

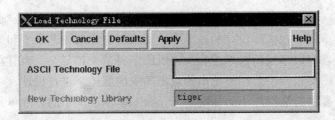

图 6-58　设定工艺文件对话框

整性，此处也可以先建立对应的电路图 View 和符号 View。建立好版图 View 后就可以打开 Virtuoso Editing 窗口，如图 6-59 所示。

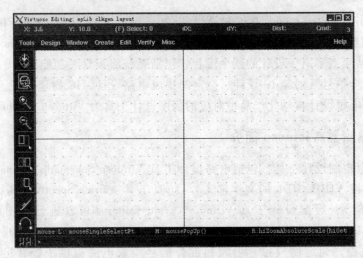

图 6-59　Virtuoso Editing 窗口

整个窗口由四部分组成：菜单栏、图标栏、状态栏和绘图区。

菜单栏包含编辑版图时所需要的各项指令，并按照相应的类别分组。图标栏默认时位于版图绘图区的左侧，上面列出了一些最常用命令的图标，将鼠标滑动到对应的图标上，图标下方即可显示出相应的命令。状态栏位于菜单栏的上方，主要显示系统的坐标、当前编辑指令等状态信息。

在 Virtuoso Editing 窗口外还有一个图层选择窗口 LSW（Layer and Selection Window），其主要功能如下所示：①可选择所编辑图形所在的层。②可选择哪些层可供编辑。③可选择哪些层可以看到。LSW 窗口如图 6-60 所示。

在默认状态下，所需要的版图图层不在初始 LSW 中，此时可以修改 LSW 中的图层显示。首先，切换至 CIW（Command Interpreter Window）窗口，在 Technology File 下拉菜单中选择最后一项 Edit Layers，出现 Edit Layers 窗口，如图 6-61 所示。

其次，在 technology Library 中选择库 mylib，先使用 Delete 功能去除不需要的层次。然后单击 Add 添加必需的层次，单击 Add 后打开添加图层窗口，如图 6-62 所示。

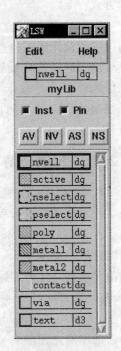

图 6-60　LSW 窗口

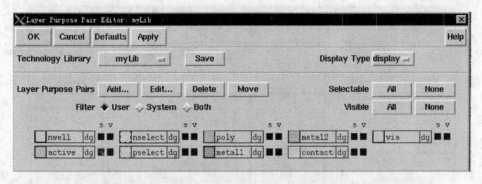

图 6-61　Edit Layers 窗口

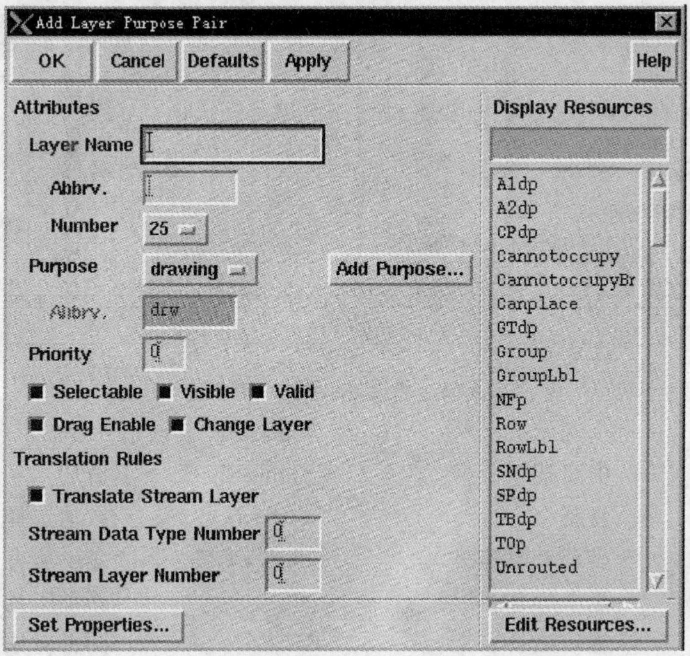

图 6-62　添加图层窗口

其中，Layer Name 中填入所需添加图层的名称；Abbrv 是图层名称缩写；Number 是系统给图层的内部编号，系统保留 128～256 的数字作为其默认图层的编号，而将 1～127 留给开发者创建新图层；Purpose 是所添加图层的用途，如果是绘图图层，一般选择 drawing；Priority 是图层在 LSW 中的排序位置。其余的选项一般保持默认值。

右边是图层的显示属性，可以直接套用其中某些图层的显示属性，也可以单击 Edit Resources 自己编辑显示属性。图层显示属性编辑窗口如图 6-63 所示，编辑方法很简单，读者可以自己推敲，不再赘述。上述工作完毕后就得到所需的图层，接着就可以开始绘制版图了。

2. Virtuoso 的常用快捷键

Virtuoso 使用过程中，除了可以使用图形界面中的菜单来进行各种方便的操作之外，同时也可以使用快捷键的方式进行各种操作。熟练使用快捷键将有助于准确地绘制所需要的版图，下面将一些常用的快捷键列出，供初学者学习使用。

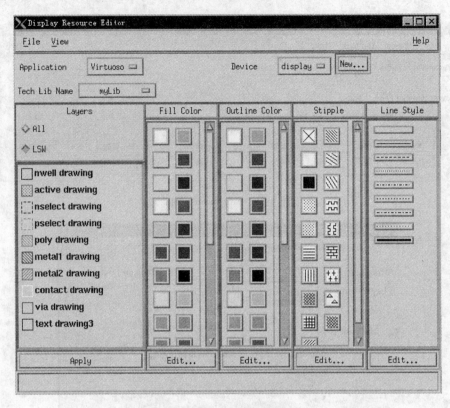

图 6-63　图层显示属性编辑窗口

Ctrl + A	全选	Shift + B	回到上一级视图
Ctrl + C	中断某个命令	Shift + C	剪切
C	复制	Ctrl + D	取消选择
Ctrl + F	显示上层等级	Shift + F	显示所有等级
F	显示所有图形	M	移动工具
Shift + O	旋转工具	Q	图形对象属性
R	绘制矩形对象	S	拉伸工具
U	撤销	Shift + U	重做
Ctrl + W	关闭窗口	Shift + W	下一个视图
W	前一个视图	Y	区域复制，与 C 不同
Shift + Y	粘贴，与 Y 配合使用	Ctrl + Z	视图放大两倍
Shift + Z	视图缩小两倍	Z	视图放大
ESC	撤销	Tab	平移视图
Delete	删除	BackSpace	撤销上一点
Enter	确定图形的最后一点	Ctrl + 方向键	移动 Cel
Shift + 方向键	移动鼠标	方向键	移动视图

6.2.3　版图绘制

下面以 CMOS 反相器为例，学习 Virtuoso 的基本使用。

1. 确定绘图图层

绘制版图图形前，首先要确定绘图所需要的绘图图层，本例以基本的反相器为例，因此在 LSW 窗口中仅设定所需的几个基本绘图图层，实例使用的最少绘图图层见表 6-1。

表 6-1　实例使用的最少绘图图层

层次名称	说　　　　　明
Nwell	N 阱
Active	有源区
Pselect	P 型注入掩膜
Nselect	N 型注入掩膜
Contact	引线孔，连接金属与多晶硅/有源区
Metal1	第一层金属，用于水平布线，如电源和地
Via	通孔，连接 Metal1 和 Metal2
Metal2	第二层金属，用于垂直布线，如信号源的 I/O 口
Text	标签
Poly	多晶硅，做 MOS 晶体管的栅

2. 绘制图形

图层设定好以后，就可以开始图形的绘制。

（1）绘制 PMOS 的版图　新建一个单元（Cell），命名为 PMOS，然后打开 PMOS 的版图 View 视图。

绘制有源区：在 LSW 中，单击 Active（dg），注意这时 LSW 顶部显示 Active 字样，说明 Active 层为当前所选层次。然后单击 Icon Menu 中的 Rectangle Icon，在 Virtuoso Editing 窗口中画一个宽为 3.6μm，长为 6μm 的矩形。这里为了定标，必须得用到标尺，单击 Misc/Ruler 即可得到。清除标尺单击 Misc/Clear Ruler。如果绘制时出错，单击需要去除的部分，然后单击 Delete Icon。

绘制栅区：在 LSW 中，单击 Poly（dg），画矩形。有源区与栅区示意图如图 6-64 所示。

完成 PMOS 晶体管：为了表达所绘制的是一个 PMOS 晶体管，还要在刚才的图形基础上添加一个 Pselect 图层，这一层对象将覆盖整个有源区的 0.6μm，同时还要在整个 PMOS 晶体管的有源区外围绘制 Nwell 区，其尺寸为覆盖有源区 1.8μm。Pselect 和阱区的绘制如图 6-65 所示。

衬底连接：PMOS 晶体管的衬底（Nwell）必须连接到电源 V_{DD}。首先绘制一个 1.2μm × 1.2μm 的 Active 矩形区域，然后在这个矩形的边上包围一层 Nselect 图层对象（覆盖有源区 0.6μm），最后将 Nwell 的矩形区域拉长，包含刚才绘制的衬底连接区域。包含衬底连接区域的 Pselect 和阱区的绘制如图 6-66 所示。这样一个基本的 PMOS 就绘制完成，接下来就要进行布线。

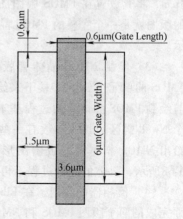

图 6-64　有源区与栅区示意图

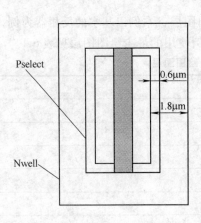

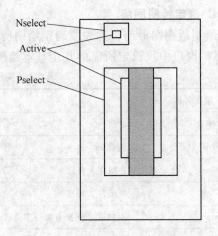

图 6-65　Pselect 和阱区的绘制

图 6-66　包含衬底连接区域的 Pselect
和阱区的绘制

（2）PMOS 晶体管布线　PMOS 晶体管必须连接到输入信号源和电源上才能正常工作，因此必须在原图的基础上进行金属线的布线。

有源区的连接：首先要完成有源区（主要是源区和漏区）的连接。在源区和漏区上用 Contact（dg）层分别绘制三个矩形，其尺寸分别为 $0.6\mu m \times 0.6\mu m$。注意 Contact 的间距为 $1.5\mu m$。

金属层的绘制：用 Metal1（dg）图层绘制两个矩形，它们分别覆盖在源区和漏区上的 Contact 上面，覆盖区域为 $0.3\mu m$。

衬底连接：为完成衬底的连接，必须在衬底有源区的中间添加一个 Contact，这个 Contact 的四周被 Active 区域覆盖 $0.3\mu m$。

电源连接：绘制连接电源的金属线，其宽度为 $3\mu m$，将其放置在 PMOS 版图图形的上方。绘制完成后的版图就是一个完整的 PMOS 晶体管版图，如图 6-67 所示。

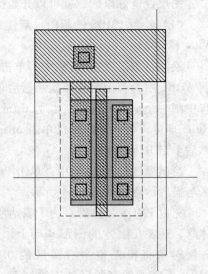

图 6-67　完整的 PMOS 晶体管版图

（3）绘制 NMOS 晶体管版图　首先新建一个名为 NMOS 的单元（Cell），接下来绘制 NMOS 晶体管的过程与绘制 PMOS 晶体管的过程基本相同，图层区域少了一个 Nwell 阱区，其他参数有一些基本的变化。下面直接给出 NMOS 晶体管的版图图形及一些尺寸参数，如图 6-68所示，具体的绘制过程不再详述。

（4）反相器的绘制　在 Library Manager 中新建一个单元 Inv，打开版图编辑窗口，将上面完成的两个版图 PMOS 和 NMOS 复制到其中，并以多晶硅为基准将两个图形对齐。然后将任意一个版图的多晶硅区域延长并与另外一个版图的多晶硅区域连接在一起。

输入端口：为了与外部电路的信号连接，此处需要用到金属线 Metal2。但多晶硅 Poly 和金属线 Metal2 不能直接相连，因此借助金属线 Metal1 来完成连接。首先在两个 MOS 管之间

绘制一个 $0.6\mu m \times 0.6\mu m$ 的 Contact，其次在这个 Contact 上覆盖一层多晶硅 Poly，覆盖区域为 $0.3\mu m$，然后在这个 Contact 的左边绘制一个 $0.6\mu m \times 0.6\mu m$ 的通孔 Via，并在其上覆盖一层金属线 Metal2，过覆盖区域为 $0.3\mu m$，最后用金属线 Metal1 连接通孔 Via 和 Contact，过覆盖区域为 $0.3\mu m$。连接孔示意图如图 6-69 所示。

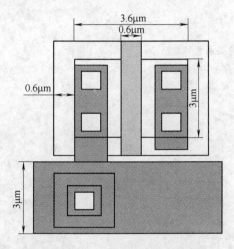

图 6-68　NMOS 晶体管的版图示意图

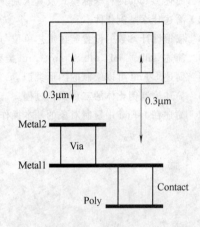

图 6-69　连接孔示意图

　　输出端口：先将两版图右边的 Metal1 连起来（任意延长一个 Metal1，与另一个相交），然后在其上放置一个 Via，接着在 Via 上放置 Metal2。

　　（5）绘制标签　首先在 LSW 中选择层次 text（d3），单击 Create/Label，在弹出窗口中的 Label Name 中填入 V_{DD}，并将它放置在版图中相应的位置上。

　　然后按照同样的方法创制 GND、A 和 Out 的标签，完成后就形成一个反相器的版图，如图 6-70 所示。

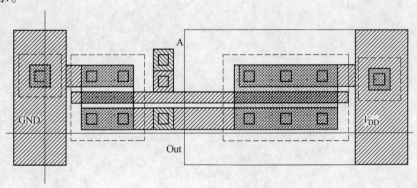

图 6-70　反相器的版图

　　至此反相器的版图基本绘制完毕，下一步将要进行版图的检查，主要是设计规则检查，在此不再详述。

小　结

　　本章主要讲述了版图编辑器的基本使用。首先介绍了版图编辑器 L-Edit 的基本设置操作，主要包括应用参数设置、设计参数设置、图层设置和设计规则设置；其次介绍了版图编辑器 L-Edit 的基本绘图操作和 DRC 操作；然后介绍了 L-Edit 绘制基本单元版图的规程；最后介绍了另一种常用版图编辑器 Virtuoso 的基本使用。

习　题

6.1　简述 L-Eidt 两种坐标模式及其区别。

6.2　简述什么是例化体。

6.3　根据设计参数的设置简述工艺单位与栅格之间的关系。

6.4　简述 .tdb、.ini、.ttx、.drc、.rul 类型文件所保存的内容。

6.5　简述 L-Edit 可以绘制的图形类型。

6.6　简述绘制例化体的三种操作过程。

6.7　简述在 L-Edit 中复制对象的基本操作。

参 考 文 献

[1] 李成大. 操作系统——Linux 篇[M]. 北京：人民邮电出版社，2005.

[2] 黄庆生. Linux 基础教程[M]. 北京：人民邮电出版社，1999.

[3] 韩雁，等. 集成电路设计制造中 EDA 工具实用教程[M]. 杭州：浙江大学出版社，2007.

[4] 廖裕评. Tanner Pro 集成电路设计与布局实战指导[M]. 北京：科学出版社，2007.

[5] 王颖，等. 集成电路版图设计与 TannerEDA 工具的使用[M]. 西安：西安电子科技大学出版社，
2009.

[6] 王志功，等. 集成电路设计[M]. 2 版. 北京：电子工业出版社，2009.